너무 무서워서
잠 못 드는
공학 이야기

너무 무서워서
잠 못 드는
공학 이야기

초판 1쇄 인쇄 2018년 7월 2일
초판 1쇄 발행 2018년 7월 9일

지은이 선 코널리
옮긴이 하연희

펴낸이 이상순
주간 서인찬
편집장 박윤주
제작이사 이상광
기획편집 한나비, 김한솔, 김현정
디자인 유영준, 이민정
마케팅 홍보 이병구, 신희용
경영지원 오은애

펴낸곳 (주)도서출판 아름다운사람들
주소 (10881) 경기도 파주시 회동길 103
대표전화 (031) 955-1001 팩스 (031) 955-1083
이메일 books777@naver.com
홈페이지 www.books114.net

생각의길은 (주)도서출판 아름다운사람들의 교양 브랜드입니다.

First published in the United States under the title:
THE BOOK OF MASSIVELY EPIC ENGINEERING DISASTERS: 33 Thrilling Experiments for Young
Scientists by Sean Connolly
Copyright © 2017 by Sean Connolly
Illustrations copyright © Pat Lewis
All rights reserved.
This Korean edition was published by BeautifulPeople in 2018 by arrangement with Workman Publishing
Company, Inc., New York through KCC(Korea Copyright Center Inc.), Seoul.

Design by Galen Smith
Cover by Galen Smith
Cover and interior illustrations by Pat Lewis
Photo Research by Angela Cherry

어처구니없는 과학 실수가 낳은 기막힌 공학 재난 이야기

너무 무서워서 잠 못 드는 공학 이야기

션 코널리 지음
하연희 옮김

차례

들어가며

"**정**말 훌륭한 탑이네요! 높이도 적당하고, 아치도 아름답고, 흰 대리석이 눈길을 사로잡습니다. 그런데 살짝 기운 것 같아요. 사람들이 벌써 피사의 사탑이라고 부르기 시작했는데 괜찮을까요?"
"아, 염려 마세요! 지금은 자리 잡는 중이라 그래요. 한두 해 지나면 괜찮아집니다." 중세 시대 어느 날 피사 대성당의 종탑이 완공된 직후 이런 대화가 오갔을 수도 있지 않을까? 그

로부터 수 세기가 지났지만 종탑은 여전히 걱정스럽게 기울어 있다. 공학기술적으로 준비만 철저히 했더라도 처음부터 기울지 않았을 것이다.

공학기술적 재앙

한데 피사의 사탑을 공학기술적 재앙이라 할 수 있을까? 그 덕분에 피사가 국제적으로 가장 유명한 관광지로 등극하지 않았는가? 군이 따로 시간을 내서 '볼로냐의 수직 탑'이나 '나폴리의 수직 기둥'을 보러 가는 사람은 없으니 말이다. 그럼에도 불구하고 피사의 사탑이 만들어진 과정을 살펴보면 여러 가지 부실한 부분이 눈에 띈다.

이 책에는 피사의 사탑과 비슷한 공학기술적 재앙이 여럿 소개되어 있다. 어느 비 내리던 겨울에 처음 출시된 전기자전거 싱클레어 C5 이

야기, 엄청난 돈을 투자해 개발
되었지만 단 한 차례, 고도 20미터까지 올라가는 데 그쳤던 비행기 스
프루스 구스 이야기, 석유 시추 기술자가 호수 바닥 엉뚱한 곳에 구멍
을 뚫는 바람에 물이 다 빠져버렸던 미국 루이지애나의 호수 이야기 등
이다. 이렇게 어이없는 이야기도 있지만 공학기술적 실수로 인해 인명
이 손실되는 무시무시한 참극도 있다. 2,000년 전 이탈리아에서는 부실
공사로 대형 목조 경기장이 무너져 수천 명이 목숨을 잃었다. 1912년
타이타닉 호가 침몰한 이유도 공학기술 결함 때문이었고, 1919년 보스
턴에서 일어난 당밀 홍수 사건 역시 공학기술자들이 압력과 당밀의 관
계를 철저히 조사했다면 막을 수 있었던 인재였다.

원인을 밝히기 위한 질문 던지기

이 책에서는 고대부터 21세기까지 이어진 스무 가지 공학기술 재앙을
다룬다. 각 사례를 꼼꼼히 훑고 공부해둔다면 앞으로 이러한 참사의
반복을 막을 수 있을 것이다. 가장 먼저 각 사건이 발생한 시간적 공간
적 배경을 간략히 설명하고, 이어지는 '무엇이 문제였을까?'에서 재앙의
원인을 심층적으로 살펴본다. 여기서 각 사건으로 인해 촉발된 여파와
처리 비용 등의 정보를 제공한다. '시간을 거슬러'에서는 이러한 정보를
바탕으로 실제 어떤 일이 벌어졌는지, 그 원인은 무엇이었는지 면밀히
파고든다. 원인은 대부분 공학기술에서 찾을 수 있다. 공학기술의 핵심

은 사물을 만들고 제대로 운영하는 것이다. 그 과정에서 늘 호기심을 잃지 않고 끊임없이 질문을 던져야 한다. 즉, "만약에 이렇게 한다면 어떤 결과로 이어질까?" "이렇게 해보면 어떨까?" 같은 질문을 스스로 던지고 답을 찾아야 실수를 줄일 수 있다. 각 장 말미에는 독자로서 무엇이 궁금한지 고민해보고 질문을 생각할 수 있는 기회가 마련되어 있다.

공학 원리 실험하기

각 장에는 공학기술 재앙의 핵심 원인을 설명해주는 과학 원리 관련 실험이 포함되어 있다. 기압, 열응력, 무게중심, 지진파 등에 대해 직접 실험을 진행하여 알아볼 수 있다. 비뉴턴 유체 관련 실험을 할 때는 천장이나 바닥에 치약이 묻을 수 있으니 주의하도록 하자.

준비물
실험에 필요한 준비물을 소개한다. 모두 주변에서 쉽게 구할 수 있다.

방법
실험 진행 방법이 단계별로 상세히 설명되어 있다. 번호대로 따라가기만 하면 된다.

공학 원리
실험을 통해 알아보고자 하는 주요 공학 원리를 소개한다.

주의!

실험에서 불이나 날카로운 물체를 다룰 때, 여러 잠재적 위험이 존재할 때도 특히 조심해야 한다고 강조했다.

공학자 체험하기

다시 한번 강조하지만 이 책에서 나는 역대 공학기술적 재앙들이 왜 발생했는지, 어떻게 하면 그 재앙을 피할 수 있었는지 분석했다. 이 책에서 소개하는 과학적 지식으로 무장하고 직접 실험을 진행하고 나면 여러분도 공학자의 세계에 입문할 수 있을 것이다!

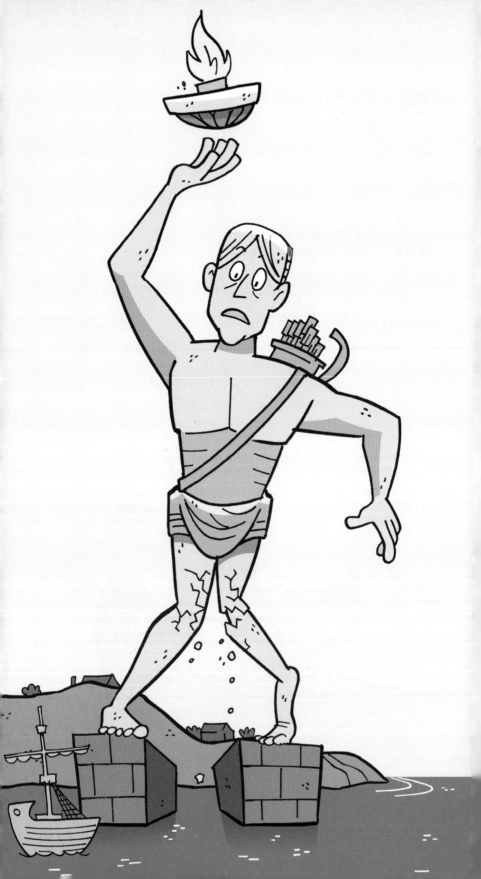

제1장

로도스 섬
거상의 불가사의

뉴욕에 처음 가본 사람이더라도 횃불을 높이 치켜든 거대한 여신상은 대번에 알아볼 수 있을 것이다. 그만큼 웅장하고 거대하며 전 세계적으로 유명한 자유의 여신상이니까. 뉴욕 항의 리버티 섬에 세워진 이 거대한 여신상은 높이가 무려 46미터에 달하는 조각상으로, 미국의 대표적인 상징물이다. 또 이 여신상은 '신(新) 거상(巨像)'으로도 불린다. 그렇다면 구(舊) 거상은 어디에 있을까? 세계 7대 불가사의로 꼽히는 구 거상, 즉 로도스의 거상은 기원전 292년, 지중해의 로도스 섬 항구 어귀에 세워졌다.

그러나 불과 60여 년 뒤인 기원전 227년, 로도스 섬 일대를 강타한 지진으로 무너져버렸다. 혹시 고대 공학기술자들이 로도스 거상을 지을 때 뭔가 실수를 한 건 아닐까? 지금은 흔적도 찾아볼 수 없는 로도스 거상에 숨은 이야기가 궁금하다면 다음 장을 넘겨보자.

무엇이 문제였을까?

그리스 로도스 섬은 지중해 동쪽 끝 터키 앞바다에 위치하고 있다. 알렉산드로스 대왕이 기원전 332년 이 섬을 정복했을 때 로도스 섬 원주민들은 그리스 통치와 생활 방식을 기꺼이 받아들였다고 한다. 기원전 323년 알렉산드로스 대왕이 죽은 뒤에는 그의 휘하에 있던 장군 출신으로 이집트 왕조를 세운 프톨레마이오스 편에 섰다. 기원전 305년 프톨레마이오스의 숙적 안티고노스가 아들 데메트리오스와 4만 군사를 로도스로 출격시켰다. 그들은 로도스 성벽을 함락시키기 위한 거대한 탑 형태의 공성 무기까지 갖추었으나 갑작스레 폭풍우가 몰아닥쳐 무기가 망가지고 말았다. 게다가 로도스 섬 원주민들이 길을 침수시켜서 두 번째 탑도 쓰러져 진흙탕에 처박히고 말았다.

이집트에서 원군이 도착하기까지 얼마 남지 않았던 터라 데메트리오스는 철수를 결정했다. 로도스 섬 원주민들은 이 승리가 수호신인 태양신 헬리오스 덕분이라 여겼고, 헬리오스의 거상을 섬 항구 어귀에 세워 승리를 기념하기로 했다. 기원전 292년 이 거상이 만들어지기 시작해 이후 12년간 작업이 계속되었을 것으로 추정된다. 철근으로 뼈대를 만들고 그 위에 수많은 동판을 피부처럼 덮었다. 폭이 18미터에 달하는 받침대는 대

세계 7대 불가사의

고대 여행자들은 세계 7대 불가사의 중에서도 특히 로도스 섬의 거상을 반드시 보아야 할 명물로 손꼽았다고 한다. 세계 7대 불가사의는 경이로운 고대 건축물 및 구조물을 가리킨다. 로도스 섬의 거상 외에 나머지 불가사의는 다음과 같다.

- 기자의 피라미드(이집트)
- 바빌론의 공중 정원(이라크)
- 에페소스의 아르테미스 신전(터키)
- 제우스 상(그리스)
- 할리카르나소스의 마우솔레움(터키)
- 알렉산드리아의 등대(이집트)

리석으로 만들었다. 넓이가 약 0.5제곱미터에 달하는 동판은 모서리를 안쪽으로 말아서 서로 이을 수 있게 설계했다. 완성된 거상은 현대의 자유의 여신상이 뉴욕 항을 지키고 있듯 로도스 항구 옆에 우뚝 솟아 있었다. 수 세기는 거뜬히 버틸 수 있을 줄 알았던 거상은 지진이 일어났던 기원전 227년 속절없이 무너졌다. 당시 수많은 건물과 신전이 자취를 감췄고, 기록에 따르면 거상은 무릎이 꺾여 땅으로 넘어지면서 산산조각이 났다고 한다. 지금은 일부 파편만 남아 있을 뿐이다.

시간을 거슬러

2000년 전에 세운 구조물에 현대 공학기술의 잣대를 그대로 들이댈 수는 없다. 어쨌거나 고대에는 전기가 없었고 따라서 전동 기구를 사용할 수도 없었으니까 불공평하다. 다만 '역공학(이미 만들어진 시스템을 역추적하여 최초의 설계기법을 추정해내는 기법)'을 이용하여 엄지손가락 및 코 파편의 크기를 바탕으로 거상이 그야말로 거대했다는 결론에 도달할 수 있었다. 이 거상이 쓰러진 원인은 한 가지, 바로 지진이었다. 겨우 몇 분간 지속된 지진으로 인해 거상은 산산조각이 나버렸다. 대대로 그 지역에 살았던 로도스 섬 원주민들이 지진에 대해 몰랐을 리 없는데, 지진의 진동을 견딜 수 없는 구조물을 지은 것이다.

도쿄나 샌프란시스코 등 대표적인 지진 지역에서는 건물이 지진의 진동을 이겨낼 수 있도록 설계한다. 지진의 피해는 주로 횡파(땅이 전파 전달 방향과 수직으로 움직이는 것)에서 발생한다. 따라서 건축가들은 건물에

지진의 원인

지구의 표면을 지각이라고 한다. 지각은 이음새 없이 매끈한 큰 바윗덩어리가 아니라 여러 조각이 꿰어 맞춰진 퍼즐에 가깝다. 그 조각을 판이라 한다. 판과 판 사이 연결 부분을 단층이라 하는데 바로 여기서 대부분의 지진이 발생한다. 서로 연결된 두 판이 나란히 같은 방향으로 이동하다가 갑자기 한쪽 판이 무엇인가에 걸려 멈춰 서면 나머지 판은 이를 계속 밀게 된다. 그러다 결국 양쪽 판 모두 요동을 치게 되는데, 이것이 지진이다.

횡파 에너지를 흡수할 수 있는 장치를 설치한다. 또 새 건물을 지을 때 특히 지붕 등에 경량 자재를 사용한다. 상식적으로 생각해도 언제 지진이 날지 모르는 곳에서 콘크리트 지붕을 이고 살 수는 없지 않은가? 그런데 고대 기술자들이 지진에 대한 해결책을 내놓지 못할 정도로 정말 그렇게 자연재해에 무심했을까? 다른 고대 조각상들을 살펴보자. 이집트의 스핑크스는 오랜 세월 무탈하게 살아남았다. 그리스 올림피아의 제우스 상은 1,000년 동안 수차례 거듭된 지진을 무사히 견뎌냈으나 목조였던 탓에 화재가 발생했을 때 연소되고 말았다. 이 두 조각상의 공통점은 모두 앉아 있는 자세를 취하고 있어 무게가 너른 면적에 걸쳐 분산되어 있었다는 것이다. 반면 로도스 섬의 거상은 두 다리로 온 무게를 지탱해야 했다.

진동을 일으키다!

도쿄나 샌프란시스코에서는 새 건물을 지을 때 지진에도 견딜 수 있도록 내진 설계를 한다. 이 실험을 통해 건물 설계자들이 어떤 식으로 내진 설계 시험을 하는지 알아보자.

준비물

- ▶ 젤로 가루(0.5리터짜리 다섯 팩)
- ▶ 물
- ▶ 베이킹팬 세 개(21×28센티미터 크기 일회용 베이킹팬으로 깊이가 최소 6.5센티미터는 되어야 함)
- ▶ 이쑤시개(최소 120개)
- ▶ 친구 세 명
- ▶ 미니 마시멜로(두 봉지)

방법

1 전날 밤에 젤로 가루를 물과 섞어 베이킹팬에 채운 뒤 냉장고에 넣어둔다.

2 이쑤시개를 친구들에게 나누어준다.

3 각자 마시멜로에 이쑤시개를 꽂아 하나씩 이어서 사각형, 정육면체, 삼각형을 만든다. 여기서 마시멜로가 연결고리 역할을 한다.

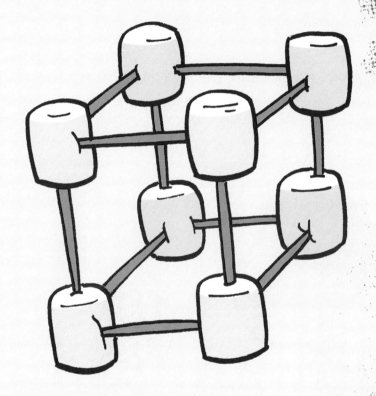

4 똑같은 도형을 하나 더 만들어서 3단계에서 만든 도형에 이쑤시개로 연결하여 구조물을 만든다. 이 방식으로 마시멜로 구조물을 최대한 높이 올려본다.

계속

5 각자 만든 구조물을 젤로가 담긴 팬에 올린다.

6 팬을 앞뒤로 흔들어서 지진의 S파(횡파)를 발생시킨다.

7 어떤 구조물이 무너지지 않고 지진을 견뎌냈는가? 가장 오래 견딘 구조물의 이쑤시개 개수로 얼마나 높게 또는 넓게 구조물을 만들 수 있는가?

공학 원리

이 실험은 실제로 지진 기술자들이 진행하는 내진 실험의 미니 버전이다. 지진파라고 알려진 강력한 에너지가 지구의 여러 층을 통과할 때 진동이 일어난다. 그러다 진동이 너무 강력해서 층이 끊어지기도 하는데 그럴 때 지진이 발생한다. 물론 세상 사람 모두가 지반에 넓게 펼쳐진 1층짜리 건물에만 머문다면 크게 걱정할 필요가 없을 것이다. 그러나 도시는 대부분 높은 인구 밀도 때문에 고층 건물을 많이 짓는다. 기술자들이 젤로 진동을 극복할 수 있는 방법을 찾아낸다면 실제 건물을 지을 때도 적용할 수 있을 것이다.

자유의 여신상이 되어보자!

자유의 여신상이 왜 몸 전체를 가리는 고대 그리스식 의복을 걸치고 있는지 생각해본 적이 있는가? 물론 고대 그리스식 의복 자체가 민주주의와 자유라는 이상향을 상징하기도 하고 우아한 분위기를 자아내기도 한다. 그런데 여기에는 실용적인 건축의 목적도 있다. 언뜻 물 흐르듯 부드럽게 휘감겨 있는 듯한 이 의복도 조각상의 일부라서 단단하고 견고한데, 그 단단한 의복이 길게 이어지며 토대까지 내려온다. 즉, 기다란 옷이 조각상의 균형을 맞추는 역할을 하는 것이다. 친구들을 조각상으로 활용해서 실험해보자.

준비물

▶ **친구 최소 세 명**
▶ **미끌미끌한 바닥(타일 바닥)**
▶ **바닷가에 까는 얇은 카펫**
▶ **가벼운 나무 의자**

주의!

조각상(역할을 맡은 친구)이 균형을 잃고 쓰러지더라도 부딪히는 물건이 없도록 넓은 장소에서 실험을 진행한다.

방법

1 친구들에게 조각상이 로도스의 거상보다 더 안정적으로 균형을 잡을 수 있는 방법을 찾고 있다고 설명한다.

2 친구 중 한 명에게 양발을 붙인 뒤 카펫을 밟고 서라고 한다. 그 한 명이 조각상이 된다.

3 나머지 친구 둘과 카펫 끝을 잡고 당긴다.

4 '조각상(친구)'이 똑바로 서 있을 수 있는지 확인한다.

계속

5 같은 친구에게 이번에는 발을 좀 더 넓게 벌리고 서라고 한다.

6 3, 4단계를 반복한다.

7 마지막에는 카펫 위에 의자를 놓고 '조각상(친구)'을 앉힌 후 3, 4단계를 반복한다.

공학 원리

실험이 너무 쉬워서 장난처럼 보일 수 있지만, 이것은 매우 중요한 공학기술 원칙을 설명하고 있다. 조각상이나 건물은 토대를 중심으로 무게가 널리 분산될수록 더 안정적이다. 맨 처음 자세는 양발을 붙였기 때문에 좁은 면적에 무게가 몰려 있었다. 두 번째 자세는 그보다 넓은 면적을 확보했기 때문에 안정성이 올라갔고, 마지막으로 의자에 앉은 자세는 그보다 훨씬 넓은 면적에 무게가 분산되었다. 따라서 헬리오스 신도 의자에 앉아 있었다면 지금껏 로도스 섬을 수호하고 있었을지도 모른다.

제2장

피데나이 경기장 붕괴

고대 로마인들이 가장 선호한 여가 활동은 잔혹한 검투사 경기 관전이었다. 그런데 가장 명성이 높은 장군이자 20년 이상 로마제국을 통치한 티베리우스 황제는 콜로세움에서 죽을 때까지 싸우는 검투사 경기를 별로 좋아하지 않았다. 사실 그는 로마에 특별한 애정이 없어서 말년을 카프리 섬에서 보냈다. 검투사 경기에 시큰둥해서 금지령을 내리기도 했던 황제가 사라지자 로마인들은 잃어버린 20년을 보상받으려는 듯 당장 행동에 나섰다. 드디어 서기 27년 로마 외곽 마을 피데나이에 콜로세움을 본뜬 새 목조 경기장이 완공됐다.

첫 경기가 열리던 날, 눈앞에 펼쳐질 삶과 죽음의 혈투를 기대하며 무려 5만 명이 피데나이 경기장으로 몰려들었다. 하지만 죽음은 관중석에 먼저 찾아왔다. 급히 지은 경기장 스탠드가 하중을 견디지 못해 무너진 것이다. 당시 최대 2만 명이 목숨을 잃었고, 지금까지도 이 사건은 역사상 최악의 경기장 참사로 남아 있다.

무엇이 문제였을까?

웅장한 콜로세움을 비롯해 로마 전역에 산재해 있는 고대 유적을 보면 로마의 건축 기술이 얼마나 탁월했는지 한눈에 알 수 있다. 즉, 어떻게 지어야 오래 유지되는지를 잘 알고 있었던 것이다. 물론 잔해만 남은 건축물도 있지만 2,000년 동안 이어진 외세의 침공과 약탈을 생각하면 그럴 만도 하다. 그런데 피데나이 경기장 붕괴는 다른 의심을 하게 만든다. 고대에도 부실 공사로 쉽게 돈을 벌려는 사람들이 있었던 것 같다. 티베리우스의 금지령이 사라지자 마자 노예 출신이었던 아틸리우스가 검투사 경기를 유치할 수 있는 기회를 잡았고, 로마 근교에 새 경기장을 지어 돈을 쓸어 담으려 했다. 콜로세움을 비롯한 당시 주요 경기장의 건축 재료는 콘크리트와 돌 혼합물이었는데, 강도와 내구성이 보장되지만 값이 비쌌다. 아틸리우스는 돌보다 싸고 강도는 훨씬 약한 나무로 경기장을 짓고 몇 가지 공사 과정도 건너뛰었다. 경기장이 안전

인기의 비결은 무엇이었을까?

로마인들은 왜 검투사 경기에 그렇게 열광했을까? 콜로세움 같은 초대형 경기장은 하루 종일 야생동물을 이용한 볼거리를 제공했다. 아프리카에서 들여온 사자와 하이에나를 풀어놓고 서로 싸우게 하거나 죄수들을 공격하도록 했다. 검투사들도 몽둥이, 창, 칼, 그물 등 다양한 무기를 동원해 싸웠다. 황제가 보고 있을 경우 쓰러진 검투사의 목에 칼이 겨눠지면 잠시 경기가 중단됐다. 황제가 그의 목숨을 살려줄지, 아니면 사형 선고를 내릴지를 엄지손가락을 아래로 꺾어 결정하는 순간의 스릴을 즐겼기 때문이다.

하게 수용할 수 있는 관객 수 따위는 아예 신경도 쓰지 않았다. 설상가 상으로 구조물을 받쳐줄 토대 공사도 거의 이뤄지지 않았다.

그렇게 만든 경기장에 상인, 어부, 양조업자, 지주 등 5만 관중이 모 여들었다. 물론 어린아이들과 노인들도 많이 섞여 있었다. 로마의 역사 가 타키투스는 이들이 "검투사 경기에 굶주려 있었다"고 적었다. 관중이 경기장을 가득 채웠을 무렵 불길한 흔들림이 감지되었다. 곧이어 경기 장이 무너져 내렸고, 수많은 사람이 잔해에 매몰됐다.

약 1,800년이 지난 뒤 그 경기장의 불행한 최후가 예견되어 있었음이 드러났다. 부실한 자재, 형편없는 설계, 토대의 부재 등은 건축과 기술 공학에서 절대 허락될 수 없다.

시간을 거슬러

공공 안전이란 표현은 식상해진 지 오래다. 하지만 공공 안전은 일상생활과 깊이 연관되어 있다. 사고를 당할지도 모른다는 두려움 없이 지하철을 타고 핫도그를 사 먹고 야구장에 가려면 반드시 필요하다. 특히 스포츠 경기장 같은 공공 건축물은 공공 안전이란 원칙에 의거하여 접근해야 한다. 현대식 경기장에는 전광판과 장내 방송 시스템, 열고 닫을 수 있는 지붕 등 콜로세움이나 피데나이 경기장에는 없었던 장치가 많이 달려 있다. 그러나 구조는 흡사하다. 대부분 움푹 파인 대접 형태이고 관중석은 운동장부터 지붕을 향해 경사를 이루며 배치한다. 따라서 똑같은 안전 원칙이 적용된다. 대형 건축물은 무엇이든 튼튼한 토대 위에 지어야 한다. 구조물에 안정성을 제공하고 그 하중을 흡수할 수 있을 만큼 충분히 깊어야 한다. 자재 선택도 중요하다. 현대식 경기장은 강철과 합금을 사용해 강도를 확보한다. 콜로세움은 돌과 콘크리트를

합금

두 가지 금속(또는 금속과 비금속)을 녹이고 혼합해 만든 금속. 강도나 유연성 같은 두 금속의 속성을 모두 취하게 된다.

사용했다. 나무는 좋지 않은 선택이다. 약하고 불에 쉽게 탄다.

관중이 구조물에 미칠 하중도 토대와 재료 못지않게 중요하다. 설계자들은 이 계산에 따라 경기장 설계를 변경하곤 한다. 관중의 안전을 위해 수용 가능 인원을 줄이는 경우도 많다. 로마 시대 공학기술자들도 이런 기본 원칙을 인지하고 있었다. 로마 상원의원들은 피데나이 참사 이후 건축 규정을 강화했다.

소 잃고 외양간 고치기였지만…

전쟁이 빈번했던 로마 시대 사람들은 떼죽음에 익숙했다. 그러나 그들에게도 피데나이 참사는 엄청난 충격이었다. 의원들은 오늘날 건축법과 같은 각종 규정을 만들었다. 이 규정의 골자는 공공건물을 신축할 때 반드시 충분한 토대를 세워야 한다는 것이었다. 또한 40만 세스테르티우스(현대 화폐로 약 70만 달러) 이상 자금을 확보하지 못한 사람은 공공건물을 지을 수 없도록 규정했다(물론 아틸리우스도 이 기준에 미치지 못했다).

토대를 튼튼하게

대부분의 건물에는 지하층이 있다. 그런데 건물에 왜 지하층을 만드는지 질문해본 적이 있는가? 간단히 답해보자면 지하층은 토대가 된다. 지하층이 건물의 힘을 붙들어서 바깥쪽으로 분산시킨다. 건물을 그대로 땅 위에 올리면 이 힘을 붙들 수가 없어 건물이 전복될 수도 있다. 그러나 토대를 닦으면 건물 주변의 땅이 건물을 불안정하게 만드는 힘을 막아주어 안정성이 높아진다.

준비물

▶ 젓가락 여섯 개
▶ 양동이(입구 지름 약 30센티미터)
▶ 모래
▶ 표지가 딱딱한 책 여섯 권
▶ 자

1 찰흙으로 포도알 크기 공 여섯 개를 빚고 젓가락 끝에 하나씩 꽂는다.

2 양동이 위로부터 5~7센티미터 아래 높이까지 모래를 채운다.

3 찰흙 공을 꽂은 젓가락 세 개를 모래에 삼각형을 그리며 세운다(찰흙 공이 위를 향해야 하며 공끼리 거의 닿을 정도로 가까워야 한다).

4 삼각형을 그리는 찰흙 공 위에 책 한 권을 조심스럽게 올린다.

계속

5 젓가락 탑이 쓰러질 때까지 쌓는 책의 권 수를 늘려본다. 몇 권을 올렸을 때 쓰러졌는지 기록한다.

6 이번에는 젓가락에 꽂은 찰흙 공이 아래로 향하도록 만든 후 모래 속으로 약 5센티미터 가량 밀어 넣는다.

7 다시 4~5단계를 반복한다. 그리고 몇 권을 올렸을 때 쓰러졌는지 기록한다.

8 이번에는 아랫부분 찰흙 공을 모래 속으로 10센티미터 가량 밀어 넣은 뒤 다시 4~5단계를 반복한다. 마지막으로 몇 권을 올렸을 때 쓰러졌는지 기록하고 수치를 비교해본다.

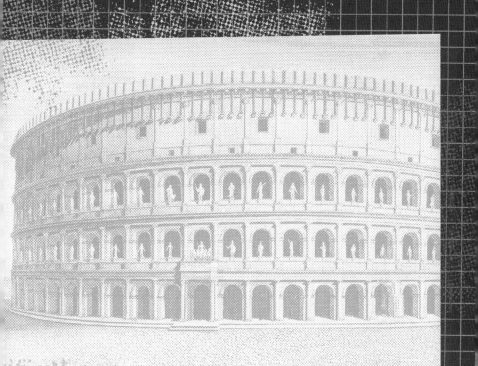

공학 원리

젓가락 탑이 모래 위에 높이 서 있을 때는 책이 아래로 내리누르는 힘에 쉽게 눌려 쓰러졌다. 그러나 토대가 깊어지고 넓어질수록 탑을 쓰러뜨리는 데 더 많은 힘이 필요하게 되었다. 토대를 둘러싼 모래의 깊이 때문이다. 그래서 토대가 깊을수록 건물은 더 안전해진다.

용량 계산하기

고대 로마 기술자들은 지식과 경험이 풍부했다. 그러나 공사 기간을 단축하기 위해 무리한 요구를 하는 아틸리우스와 같은 사람 앞에서는 무력했던 것 같다. 아틸리우스의 경기장을 짓던 사람들은 목재 경기장이 얼마만큼의 하중을 견딜 수 있는지 계산해내지 못했다. 아래 실험에서는 피데나이 경기장 관계자들이 간과했던 사항, 즉 적재 용량을 계산하는 법을 다룬다. 적재 용량을 정확히 알아야 건축물이 오래 유지된다. 계산이 틀리면… 역사가 증명했듯 무시무시한 재앙이 일어난다….

준비물

▶ 편지지 여섯 장(A4 사이즈)
▶ 투명 테이프
▶ 샤프펜슬
▶ 일회용 종이컵
▶ 끈(60센티미터)
▶ 클립 두 개
▶ 똑같은 식탁 의자 두 개
▶ 10원짜리 동전 100개

1 편지지를 세로로 둘둘 말아서 원통을 만들고 양끝에 테이프를 붙여 풀리지 않게 고정한다.

2 샤프펜슬로 종이컵 양쪽 테두리로부터 약 2.5센티미터 내려온 지점에 구멍을 하나씩 낸다.

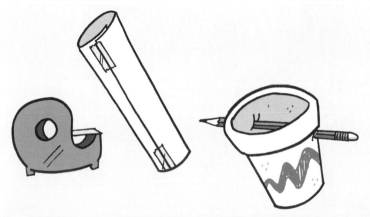

3 끈을 60센티미터 길이로 잘라서 한쪽 끝에 클립을 매단다.

4 클립을 묶지 않은 쪽을 종이컵에 뚫은 구멍 두 개에 꿴 뒤 역시 끝에 클립을 매단다.

5 클립이 컵 벽에 닿을 때까지 끈 가운데 부분을 살짝 잡아당겨서 둥근 고리를 만든다.

6 약 20센티미터 간격을 두고 의자가 서로 마주보도록 놓은 다음 둘둘 만 편지지를 그 위에 놓는다. 다리처럼 양쪽 의자에 걸쳐져야 한다.

7 편지지를 들고 컵의 고리를 끼워서 한가운데 대롱대롱 매달리게 만든다.

8 컵에 10원짜리 동전을 몇 개나 넣어야 편지지 다리가 무너질지 예측해본다.

9 동전을 하나씩 더하다가 다리가 무너지면 개수를 기록한다.

10 이번에는 편지지 두 장을 겹쳐서 원통을 만든 뒤 같은 실험을 진행한다.

11 이번에는 편지지 세 장을 겹쳐서 실험을 반복한다. 법칙이 발견되었는가?

공학 원리

이 실험은 간단한 적재 용량 계산법이라 할 수 있다. 아틸리우스가 이를 무시하고 건너뛰지만 않았어도 수천, 수만에 달하는 목숨을 구할 수 있었다. 편지지는 경기장의 기둥을 상징하고 동전은 관객을 대신한다. 편지지를 여러 장 겹치면(즉, 자재의 강도가 높으면) 그만큼 지지할 수 있는 하중도 늘어난다.

피사의 기울어진 탑

역사적으로 가장 유명한 이 공학 참사를 모르는 사람이 있을까? 영화와 책, 잡지에 하도 많이 등장해 간혹 유니콘이나 용처럼 상상의 산물일지도 모른다는 생각마저 든다. 그러다 이탈리아에 있는 피사의 사탑을 직접 보게 되면 곧 쓰러질 수도 있겠다는 생각에 자리를 떠나지 못하고 서성대며 바라보게 된다. 안타깝게도(?) 쓰러지는 장면을 목격할 확률은 매우 낮다고 보아야 할 것이다. 피사의 사탑은 계속 기울면서 그 상태로 800년 이상을 버텼고, 관광객과 공학기술자 모두에게 가장 사랑받는 건축물이 됐다.

중력을 거스르고 있는 것인가? 과학의 법칙이 제대로 적용되지 않은 것인가? 이렇게까지 기울었는데 왜 더 이상 기울지 않을까? 그렇게 이 건축물은 가장 널리 알려진 최대의 수수께끼가 되어버렸다.

무엇이 문제였을까?

피사는 이탈리아 서해안 아르노 강 어귀에 있는 도시다. 12세기까지 무역과 예술의 중심지이자 군사적 요충지였다. 르네상스가 꽃 피우기 몇 세기 전이었던 당시에는 피사, 피렌체, 베네치아 같은 도시들이 웅장한 종교 건축을 통해 힘을 과시했다.

1100년대 중반 피사에 종교 건축물 세 개가 한꺼번에 지어졌는데 모두 새하얀 대리석으로 겉면을 덮었다. 그중 가장 규모가 큰 건축물이 성당이었고, 그 옆에 세례당과 종탑이 배치됐다. 훗날 세 건물 중 가장 유명해진 종탑 건축은 1173년 시작됐다. 당시는 곡선형 아치가 돋보이는 로마네스크 양식에서 간결한 기둥이 하늘을 향해 치솟은 고딕 양식으로 옮겨가던 시기였고, 이 종탑도 나머지 두 건물과 마찬가지로 이러한 과도기를 대표하는 건축물이었다.

그런데 종탑이 하늘을 향하지 않고 땅을 향해 내려앉기 시작했다. 심지어 똑바로 내려앉지도 않고 한쪽으로 기우는 것이 아닌가? 건축가들은 이미 기울기 시작한 건물이 똑바로 서 있는 듯 보이게 하려고 건물의 수평과 좌우 대칭을 포기한 채 불균형하게 설계를 바꿨다. 그러자 이번엔 반대쪽으로 기울기 시작했다. 건축가들은 이번에도 같은 수를 써봤지만 아무 소용이 없었다.

르네상스

중세 후반에 유럽인들이 고대 그리스와 로마의 예술적 전통을 재발견해 미술, 건축, 문화 등에 응용하기 시작했던 시기

14세기에 이르러 피사의 종탑에 중대한 결함이 있음을 부인할 수 없게 됐다. 이미 '기운 탑'(사탑)이라는 별명까지 생겼다. 그럼에도 공사를 강행하여 1370년 애초 설계대로 8층 높이까지 도달했다. 건물은 완성

쓰러진다, 쓰러진다, 쓰러졌다!

피사에서 북쪽으로 200킬로미터 떨어진 소도시 파비아의 주민들은 탑이 무너지는 문제와 관련해 피사 사람들보다 할 말이 더 많을 것이다. 1989년 3월 18일 아침 이 도시의 높이 72미터 탑에서 벽돌이 하나둘 떨어지기 시작하더니 불과 몇 분 만에 완전히 무너져 네 명이 숨지고 열다섯 명이 다쳤다. 이 탑은 1060년부터 그 자리에 서 있었고 한쪽으로 기운 적도 없었다. 붕괴 원인은 지금도 수수께끼로 남아 있다.

됐지만 여전히 수직에서 3도가량 기운 상태였다.

그렇게 '기운 탑'은 미국의 엠파이어스테이트 빌딩, 인도의 타지마할처럼 세계적으로 유명한 관광지가 됐고, 매년 수많은 관광객들이 이 건물을 찾아 사진을 숱하게 찍어댄다(건물을 밀어 똑바로 세우는 듯한 포즈가 가장 인기다). 만약 이 탑이 똑바로 지어졌다면 지금과 같은 명성을 얻지는 못했을 것이다.

시간을 거슬러

피사의 사탑이 한쪽으로 쏠린 요인은 크게 두 가지로 추정할 수 있다. 바로 불안정한 토양과 부적절한 기초다. 1173년 이 탑을 짓기 시작할 때 그 땅에 이미 대형 성당과 세례당이 세워져 있었던 점을 감안하면, 건축가들이 둘 중 하나를 소홀히 다뤘음이 분명하다. 성당과 세례당 모두 거대한 구조물인데 기운 정도는 육안으로 식별할 수 없을 만큼 미미하다. 반면 종탑은 전체 8층 가운데 3층까지 올렸을 때 이미 북쪽으로 기울기 시작했다. 이후 잦은 전쟁으로 여러 번 공사가 중단됐지만 840년에 걸쳐 이 탑을 구하기 위한 작업이 지속적으로 시도되었다. 처음에는 착시효과를 활용했다. 북쪽에 면한 3층 기둥들을 더 길게 만들어 탑이 똑바로 서 있는 것처럼 보이게 하려 했다. 그러자 1272년 무렵 탑은 지금과 같은 방향인 남쪽으로 기울어졌고, 건축가들은 다시 탑 상층부의 남쪽 기둥들을 더 길게 만들기 시작했다.

집중력의 문제?

중세의 이탈리아는 지금처럼 통일된 국가가 아니었다. 끊임없이 분쟁을 벌이는 도시국가와 소왕국들로 나뉘어 있었다. 피사도 수백 년 동안 많은 전쟁을 치렀고 탑 건축은 중단과 재개를 반복했다. 이런 상황도 탑 건축에 영향을 미쳤을까? 글쎄. 부모님이 늘 하시는 이야기를 떠올려보자. "공부할 때 음악을 틀어놓으면 집중이 되겠니?!"

20세기에 와서야 탑이 기우는 현상 자체를 바로잡으려는 시도가 이루어졌다. 최소한 무너지지는 않게 해야 했다. 1911년 과학자들이 측량을 통해 탑 꼭대기가 1년에 0.1센티미터씩 기운다는 사실을 밝혀냈다. 기우는 정도는 갈수록 커지고 있었다. 1989년 파비아에서 비슷한 탑이 무너지자 피사의 사탑 출입이 금지됐다. 세계 각지에서 과학자와 공학자들이 모여들어 이 탑을 구하기 위한 장기 계획을 수립했다. 그렇게 1990년부터 기운 방향과 반대쪽의 건물 밑부분 흙을 조금씩 파내기 시작했다. 무게중심이라는 아주 기본적인 원리에 기초한 작업이었다. 탑은 2001년 다시 공개됐다. 당시 공학자들은 향후 300년 동안 안전하리라 장담했는데, 과연 정말인지는 오직 시간이 말해줄 것이다.

무게중심

물체의 질량이 어느 한쪽으로 치우치지 않고 균형을 이루는 지점

과연 쓰러질까?

과학 용어 '무게중심'은 물체의 질량이 어느 한쪽으로 치우치지 않고 균형을 이루는 지점이란 뜻임을 기억하자. 예를 들어 아이스하키에서 사용하는 공 '퍽(puck)'처럼 질량이 고르게 분포돼 있는 물체의 무게중심은 그 중앙에 있다. 하지만 해머의 경우 질량이 한쪽에 쏠려 있고, 무게중심도 머리에 가까운 곳에 위치한다. 피사의 사탑은 왜 무게중심이 중요할까? 간단하다. 물체의 바닥 면적(지면에 닿는 부분) 내에 무게중심이 위치하면 그 물체는 똑바로 서 있을 수 있다. 하지만 그렇지 않을 경우 기울지 않기 위해 뭔가를 단단히 붙들고 있어야 한다. 이 실험은 물체가 기울 때 무게중심이 어떻게 움직이는지 보여준다. 수 세기에 걸쳐 피사의 사탑에 발생한 현상이 바로 이것이다. 너무 많이 기울면 어떤 현상이 나타나는지도 관찰해보자.

준비물

▶ 빈 음료수 캔
▶ 바닥이나 탁자 또는 선반
▶ 물

방법

1 빈 캔을 바닥에 똑바로 세운다.

2 캔을 기울여 밑바닥의 일부만 바닥에 닿도록 해서 붙잡고 있다가 손을 뗀다. 캔은 쓰러질 것이다.

3 다른 각도로 기울였다가 손을 뗀다. 역시 쓰러진다.

4 캔에 3분의 1 정도 물을 채운다.

5 3단계를 다시 시도한다. 조심스럽게 기울이면 손을 뗀 후에도 그대로 서 있을 것이다.

공학 원리

빈 캔의 무게중심은 캔의 중앙 부근에 있다. 캔을 기울였을 때 무게중심이 바닥 면적 안에 놓이지 않았기 때문에 쓰러진 것이다. 하지만 물을 채우면 그만큼 바닥 쪽으로 무게가 쏠려 무게중심도 함께 내려온다. 덕분에 캔의 안정성은 높아지고, 새로운 무게중심이 바닥 면적 안에 놓여 캔이 쓰러지지 않고 서 있을 수 있는 것이다. 피사의 사탑도 다행히 무게중심이 아직 바닥 면적 안에 있는데, 현재 진행 중인 보수 작업이 실패할 경우 어떤 상황이 벌어질지 이 실험으로 알 수 있다.

침강

피사의 사탑보다 크고 무거운 건물도 많은데 왜 기울지 않을까? 그 이유 중 하나는 단단한 땅에 지었기 때문이다. 뉴욕의 고층 빌딩들은 수십억 년 된 화강암 위에 서 있다. 유럽의 성당은 대부분 언덕에 세워졌는데, 언덕은 오랜 세월 풍파와 마모를 견뎌낸 단단한 바위들로 이뤄져 있다. 반면 피사의 사탑은 지반부터 문제를 안고 있었다. 이 탑을 지은 이들은 기초를 고작 1.8미터밖에 파지 않았고, 설상가상으로 그 밑의 하층토도 그리 단단하지 않았다. 이 육중한 탑의 무게를 지탱할 수 없는 토양이었던 것이다. 약하고 불균형한 토양에 건물이 가라앉는 현상을 공학 용어로 침강이라 한다. 이번 실험을 통해 그 현상을 직접 관찰할 수 있다.

준비물

▶ 메모지 열 장
▶ 두꺼운 사전
▶ 딱딱한 표지의 책 열 권
▶ 열두 개들이 달걀 갑 두 개

주의!

혹시라도 집 안에 있는 물건이 부서지지 않도록 이 실험은 베란다나 야외에서 하도록 하자.

방법

1 메모지를 구겨서 공처럼 동그랗게 만든다. 구긴 메모지를 나무, 타일, 또는 콘크리트 등 딱딱한 바닥(30×30센티미터)에 고르게 깐다.

2 그 위에 사전부터 시작해 책을 하나씩 올려놓는다. 무거운 책을 먼저 놓는다.

3 무게에 눌려 종이 뭉치들이 납작해지면 책 올리기를 멈추고 몇 권 이 쌓여 있는지 센다.

계속

4 다시 종이 뭉치를 만들어 펼쳐놓고 그 위에 빈 달걀 갑 두 개를 나란히 올린 뒤 2~3단계를 되풀이한다.

5 다시 2~3단계를 반복하는데, 이번엔 종이 뭉치 없이 바닥에 바로 책을 쌓는다.

공학 원리

여러분은 방금 서로 다른 하층토 위에 '책탑'이 어떻게 서 있는지 관찰했다. 종이 뭉치, 달걀 갑, 딱딱한 바닥이 하층토 역할을 했다. 단단한 암반에 기초한 맨해튼이나 스코틀랜드 고지는 이 실험의 딱딱한 바닥에 해당한다. 흔들림 없이 쌓여 있는 책처럼 이곳에 지은 고층건물도 충분한 지지를 받아 안전하게 서 있을 수 있다. 피사는 종이 뭉치에 해당하는 헐거운 토양이다. 그러나 땅 전체가 그렇지는 않았다. 피사에 지어진 성당과 세례당은 규모가 더 컸지만 기울지 않았다. 종탑 건축가들에게 운이 없었거나, 이 일대에 더 이상 단단한 지반이 남아 있지 않았던 것이다. 그로 인해 침강이 시작됐다.

제4장

자꾸만 무너지는 보베 성당

"**첨**탑을 아주 높이 올릴 거야. 완성된 모습을 보고 사람들이 미쳤다고 할 만큼 높게!"

누군가가 첨탑을 지으며 이런 말을 한다면 어처구니없지 않겠는가? 그런데 실제로 이런 말이 나왔다. 프랑스 파리 북쪽, 보베에서였다. 1500년대 중반 보베 성당의 거대한 첨탑 건설 프로젝트를 시작할 때 건축가들은 더 높이 올라가고픈 욕망에 휩싸여 있었다.

그들은 결국 미쳤다는 말을 듣고야 말았다. 첨탑이 무너졌으니까. 더구나 이 성당에서는 이미 300년 전부터 첨탑을 너무 높게 짓는 통에 몇 차례나 붕괴되는 사고가 반복된 적이 있었다. 왜 무너질 줄 알면서도 계속 지으려 했을까? 뭔가 의심스러운 이유가 있는 걸까? 수상한 냄새를 따라가보자.

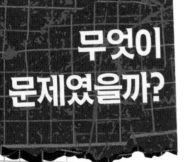

무엇이 문제였을까?

사건은 1225년 밀롱 드 낭퇴이 주교의 결정에서 시작됐다. 그는 파리에서 북쪽으로 56킬로미터 떨어진 부유한 소도시 보베에 낡은 성당을 허물고 더 큰 새 성당을 짓기로 했다. 그보다 10년 전, 영국해협 건너 잉글랜드에서는 귀족들이 존 왕을 압박해 마그나카르타(대헌장)에 서명하도록 했다. 왕권을 축소하고 귀족의 권한을 인정하는 문서였다. 프랑스 북부의 막강한 귀족들도 그렇게 힘을 과시하고 싶어했다. 그리하여 프랑스에서 파리 대성당을 능가하는 가장 높은 성당을 짓기로 한 것이다. 이 성당은 프랑스 왕에게 보내는 귀족들의 메시지였다.

건축가들도 새 성당이 아주 거대하고 그 기초가 지하 9미터 이상 내려간다는 사실을 알고 있었다. 하지만 막상 그들에게 주어진 지침은 성가대석 천장을 그 어떤 성당보다 높은 48미터 높이로 만들라는 것이었다. 1272년 성가대석 천장이 완성됐는데, 1284년 일부가 무너져 임시방편으로 기둥을 더 세웠다. 그리고 백년전쟁이 발발하면서 성당의 본체인 신도석 공사가 중단됐다. 1500년에 재개된 건축은 트렌셉트(익랑,

천국을 향하여

사람들이 보베 성당의 높이에 집착한 배경에는 천국에 가까이 다가가려는 욕망도 작용했다. 이는 천국을 향한 인간의 의지를 상징하는 것이었다. 이 성당은 가장 정교하고 극단적인 고딕 양식 건축물 중 하나다. 고딕 양식 성당은 벽의 무게를 지탱하기 위해 플라잉 버트레스(대형 건물 외벽을 떠받치는 반아치형 석조 구조물, 57쪽 참조)를 사용한다. 그 덕분에 벽을 더 얇고 높게 세워 거대하고 화려한 스테인드글라스를 만들 수 있었다.

프랑스

翼廊, 신도석 앞쪽 공간이자 교회 구조를 십자 형태로 만들어주는 좌우 날개 부분)에 초점이 맞춰졌다. 1548년에 이 공사가 끝나자 당국은 신도석을 마무리하는 대신 거대한 첨탑을 세우기로 결정했다. 1569년, 첨탑의 높이가 153미터로 완공되면서 보베 성당은 세계에서 가장 높은 건축물이 됐다. 그러나 이 기록은 불과 4년밖에 유지되지 못했다. 1573년 4월 30일, 첨탑과 종탑(3개 층)이 무너져 내렸다. 다행히 중상을 입은 사람은 없었다. 그러나 성당이 자금난에 시달리고 있었던 터라 보수 가능성은 희박했다. 1600년에야 공사를 재개하려는 시도가 이루어졌으나 결국 다시 중단됐다. 보베 성당은 지금도 미완의 상태로 남아 있다.

시간을 거슬러

사학자나 설계자가 갖춰야 할 자질 중 하나는 과거 사례로부터 교훈을 습득하는 능력이다. 다행히 보베 성당의 설계자들은 이런 자질을 갖추고 있었다. 그들은 파리의 노트르담 성당을 비롯한 과거 성공 사례뿐만 아니라 피데나이 경기장과 피사의 사탑 같은 건축 실패 사례에 대해서도 충분히 인지하고 있었다. 자신들이 지으려는 새 성당은 워낙 거대해서 주변 지반에 엄청난 부담을 가한다는 사실도 알고 있었다. 성당의 기초를 지하 9미터 이상 조성한 사실이 이를 뒷받침해준다. 또 플라잉 버트레스가 벽의 무게를 상당 부분 지지해준다는 사실도 알았다. 고딕 건축의 핵심은 높이와 밝기인데, 이 두 요소를 확보하는 열쇠를 플라잉 버트레스가 제공했다. 플라잉 버트레스는 건물의 횡력을 분산시켜 벽이 견뎌야 할 무게를 줄여준다. 그 덕에 벽을 더 얇고 높게 만들 수 있었고, 아름다운 스테인드글라스를 만들 수 있는 공간 확보도 가능했다. 여기까지는 좋았다. 문제는 하늘에 닿으려는 시도를 하면서 시작됐다. 성당을 더 높이 지으려면

벽을 더 높여야 하는데 벽이 높아지면 버트레스도 함께 높아져야 한다. 하지만 버트레스도 꽤 무거웠기에 설계자들은 무게를 줄이려 버트레스를 더 얇게 만들었다. 하지만 얇은 버트레스는 제대로 기능하지 못했다. 특히 강풍이 부는 프랑스 북부에서는 무용지물이었다. 잘못된 선택이었다.

버트레스(부벽)

플라이어

벽

플라잉 버트레스

버트레스(부벽)는 건물의 벽에 미치는 횡력(바깥쪽으로 향하는 가로 방향의 힘)이 땅으로 향하도록 힘의 방향을 바꿔주는 구조물이다. 초보자용 자전거의 보조바퀴와 비슷한 역할을 한다. 버트레스는 보통 거대한 지느러미처럼 벽에서 삐져나와 있는데, 고딕 건축 설계자들은 플라이어라고 불리는 작은 아치로 벽과 연결하기만 해도 횡력의 방향을 바꿀 수 있다는 사실을 알아냈다.

저 하늘 높이

이제 보베 성당 같은 고딕 양식 건축물에 버트레스(특히 플라잉 버트레스)가 얼마나 중요한지 알게 되었을 것이다. 버트레스가 횡력을 아래로 향하게 만들어 벽이 똑바로 서도록 지탱해주는 원리도 이해했을 것이다. 하지만 글로 읽기만 하는 것과 그 힘을 직접 느껴보는 것은 하늘과 땅 차이이다. 이 실험을 통해 여러분은 횡력을 직접 느껴볼 수 있다.

준비물

▶ 친구 네 명
▶ 바닥이 미끄러운 방

방법

① 친구 두 명이 신발을 벗고 양말만 신은 채 마주 보고 서게 한다.

② 마주 선 친구들에게 한 걸음씩 뒤로 물러서라고 한다.

③ 나머지 두 친구가 각각 서 있는 두 친구의 뒤로 가서 앉게 하는데, 서 있는 친구의 다리에 등을 대고 앉으라고 한다. (앉아 있는 두 친구는 신발을 신고 있다)

4 서 있는 두 친구에게 두 발을 고정시킨 채 두 팔만 머리 위로 들라고 한다.

5 서 있는 두 친구에게 두 손이 상대방의 두 손에 닿도록 몸을 앞으로 기울이게 한다. 아치를 만드는 것이다.

6 앉아 있는 두 친구에게 아치로부터 내려오는 힘이 느껴지는지 물어본다.

주의!

바닥이 반질반질한 실내에서 하는 것이 가장 좋다. 빠르게 달리다가 갑자기 멈추면 미끄러질 정도로 미끄러운 바닥이 좋다. 물론 장난을 치라고 부추기는 것은 아니다.

공학 원리

친구들은 방금 버트레스가 횡력을 아래로 향하게 만드는 순간을 경험했다. 플라잉 버트레스도 지탱하고 있는 벽에 닿지 않는 것처럼 보이지만 동일한 역할을 한다. 만약 바닥에 앉아 있던 친구 중 하나가 예고 없이 갑자기 일어선다면 무슨 일이 벌어질지 상상해보라.

테이 브리지 참사

19세기 중반 대영제국의 위세는 하늘을 찌를 듯 높아졌다. 미국의 독립으로 식민지 열세 곳을 잃었지만 여전히 세계 곳곳이 영국 영토였다.

캐나다에서 해가 질 무렵 호주에서는 해가 떠올랐기 때문에 "대영제국은 해가 지지 않는다"라는 말이 나왔다.

이 광대한 제국을 이끈 섬나라 영국은 산업과 공학을 바탕으로 국력을 키웠다. 그중에서도 스코틀랜드가 가장 자부심이 강했다. 제철, 섬유, 조선 산업의 중심지로 국부 창출의 엔진 역할을 했던 것이다.

따라서 공학의 경이라고 불리는 세계 최장 교량이 스코틀랜드에 등장했다는 사실이 그렇게 놀랍지는 않다. 이 다리는 급성장을 거듭하던 도시 던디와 나머지 지역을 연결해주었다. 그런데 1879년 폭풍이 불던 어느 날 밤, 이 자부심은 공포로 바뀌었다. 테이 브리지가 종잇장처럼 구겨진 채 붕괴하여 마침 그 위를 지나던 급행열차와 함께 테이 강 물살에 휩쓸린 것이다.

무엇이 문제였을까?

철도의 시대는 19세기 초 영국에서 막이 올랐고, 1870년대에 다다르자 세계 전역 오지까지 철도가 연결됐다. 영국인은 정글과 사막, 산맥을 가로질러 대영제국 구석구석에 철도를 깔고, 기관차와 철로 장비를 수출했다.

스코틀랜드는 영국 산업의 동력원이었다. 철도회사들은 경쟁적으로 스코틀랜드의 각 도시와 여타 도시들을 연결하는 사업에 뛰어들었다. 영국 동해안 테이 강 북쪽 기슭에 위치한 던디는 당시 스코틀랜드에서 가장 중요한 도시 중 하나였다. 공학 분야에 대한 자부심이 한껏 고조돼 있던 상황에서 던디와 스코틀랜드 수도 에든버러를 연결할 수 있도록 테이 강에 철교를 건설하자는 결정이 내려졌다.

저명한 공학자 토머스 바우치 경이 이 세계 최장 교량의 설계를 맡았다. 1871년 작업이 시작됐다. 먼저 27미터 높이 교각을 여러 개 세우고 그 사이에 격자들보 세 개를 배치했다. 애초 설계에 따르면 강바닥을 기반암 삼아 교각을 세워야

격자들보

철제 기둥이나 들보를 격자 모양으로 배치하면 강도가 높아져 더 큰 힘을 견딜 수 있다.

했지만, 공사를 시작하고 보니 그러기에는 수심이 너무 깊었다. 그래서 강바닥에 콘크리트를 채운 잠함(潛函)을 가라앉히고 이를 기반암 삼아 교각을 세웠다.

그렇게 완성된 테이 브리지는 스코틀랜드 공학의 경이로 부상했다. 하지만 1879년 12월 28일 저녁, 상황은 완전히 뒤바뀌었다. 하루 종일 폭풍이 몰아친 이날 허리케인급 강풍이 길이 76미터에 달하는 다리를 휩쓸고 지나갔다. 오후 7시가 조금 지나 에든버러발 열차가 다리를 가로지르고 있을 때였다.

당시 테이 강에 떠 있던 선박의 승무원이 이 순간을 목격했다. 열차 불빛이 다리 중간에 이르렀을 때 갑자기 회오리바람이 불어닥쳤다. 강풍에 눈을 뜨지 못하다가 겨우 다시 눈을 떴을 때 다리는 어둠에 휩싸여 있었고 열차는 흔적도 보이지 않았다. 이미 테이 브리지의 중앙 전체가 열차와 함께 30미터 아래 강물에 빠진 뒤였다.

기반암

건물에 튼튼한 기초를 제공해주는 화강암 등으로 이루어진 단단한 암석층

시간을 거슬러

테이 브리지가 그토록 처참하게 무너진 원인은 무엇이었을까? 처음에는 설계가 잘못됐는지 시공에 문제가 있었는지 확인이 쉽지 않았다. 다만 한 가지 확실했던 요인은 강풍이었다.

테이 브리지는 1878년 6월 통행이 시작됐다. 그보다 넉 달 전 다리를 검수했던 안전 감독관은 나중에 강풍이 문제가 될 수 있다는 경고를 한 바 있었다. 그가 옳았다. 바람이 어떻게 이런 사고를 유발하는지 이해하려면 카펫처럼 미끄러짐이 전혀 없는 바닥에 놓인 의자를 떠올리면 된다. 의자 등받이를 붙잡고 앞으로 밀면 미는 사람과 가까운 다리 두 개가 들어 올려질 것이다. 이 다리 두 개가 바닥에 고정돼 있을 경우 장력이라 불리는 힘을 받게 된다. 이 힘은 고정된 다리를 계속 들어 올리려 한다. 이때 나머지 두 다리에는 압축이라는 정반대 방향의 힘이 가해진다. 구조물에 강한 바람이 불어닥치면 의자를 밀 때와 같은 원리가 작용한다. 이를 풍하중(風荷重, 풍압에 의해 구조물에 가해지는 하중)이라고 한다.

바우치는 설계 당시 저명한 영국 공학자들로부터 풍하중에 대한 조언을 받았다. 이들은 10프사이(1제곱인치 당 10파운드) 정도만 견디면 된다고 했다. 뉴욕의 브루클린 브리지가 50프사이, 파리의 에펠탑이 55프사이에 맞춰 지었음을 감안하면 터무니없는 수치였다. 현대 고층건물은 3,000프사이 이상의 풍하중을 견디도록 설계한다. 테이 브리지는 설계부터 강풍에 취약했다.

잘못된 설계가 잘못된 조언에서 비롯되기는 했지만 바우치 역시 비난을 피하지 못했다. 최근 영국 과학자들은 테이 브리지 잔해를 촬영한

> **돌출부**
> 손잡이처럼 튀어나와 다른 조각을 이어 붙일 수 있게 만든 부위

135년 전 사진을 전자현미경으로 분석했다. 피터 루이스 박사는 격자들보와 돌출부의 자재로 철을 선택한 것 자체가 바우치의 판단 착오였다고 지적했다. 금속피로(철이 장기간 반복적으로 하중을 받아 약해지는 현상)를 고려하지 못했다는 것이다. 비록 '금속피로'라는 개념이 등장하기 전이었지만 공학자들은 이런 구조물에 철을 사용해서는 안 된다는 사실을 충분히 알고 있었다.

풍하중 만들기

스코틀랜드는 특히 공학 분야에서 수많은 혁신을 일구어낸 역사가 깊은 나라다. 그러나 1879년 그날 밤 스코틀랜드 특유의 강풍으로 인해 그 역사에 오점이 생겼다. 이 실험을 통해 눈에 보이지 않는 바람의 힘이 얼마나 강한지 알아보자.

준비물

▶ 같은 크기(약 15×10×2.5센티미터)의 나뭇조각 세 개
▶ 헤어드라이어
▶ 자
▶ 목공풀
▶ 아이스크림 막대 네 개(길이가 길수록 좋다)

방법

1 나뭇조각 세 개를 이용해 다리 모양을 만든다. 두 개는 수직으로 세우고 나머지 한 개를 그 위에 눕힌다.

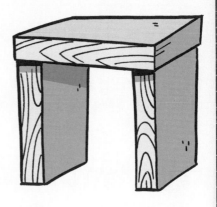

2 헤어드라이어를 최고 강도로 튼 뒤 다리를 향해 바람을 뿜는다. 다리가 쓰러질 것이다. 쓰러지지 않으면 자로 살짝 민다(얼마나 강하게 밀었는지 기억해둔다).

계속

③ 다리를 다시 세운다.

④ 아이스크림 막대 두 개를, 수평으로 눕힌 나뭇조각의 왼쪽에서 수직으로 세운 오른편 나뭇조각 중간부분으로 대각선을 이루도록 놓고 목공풀로 붙인다. 나뭇조각 두 개 사이 간격은 좁게 유지한다.

⑤ 나머지 아이스크림 막대 두 개는 수평으로 눕힌 나뭇조각의 오른쪽에서 수직으로 세운 왼편 나뭇조각 중간부분으로 대각선을 이루도록 놓고 풀로 붙인다.

⑥ 풀이 마르기를 기다렸다가 2단계를 반복한다. 지탱하는 힘이 강화된 다리는 이전과 같은 힘을 주어도 쓰러지지 않을 것이다.

공학 원리

격자들보는 횡력이 작용할 때 함께 밀리면서 구조물을 더 강하게 지탱한다. 테이 브리지 설계에도 격자들보가 포함되었다. 그러나 한겨울 스코틀랜드의 강풍을 견디기에는 충분하지 않았다.

클립 부러뜨리기

설계가 제대로 구현되어야 공학이 작동할 수 있다. 최근 전문가들이 테이브리지 참사 관련 사진을 확대해보니 돌출부에서 문제가 발견되었다. 이돌출부는 격자들보를 고정하는 역할을 했는데, 사진을 보니 대부분 빠져나가 있었다. 하나가 빠지니 나머지도 힘을 이기지 못해 연달아 빠지면서거대한 교량이 마치 나사를 풀어 분해라도 하듯 해체된 것이다. 이번 실험은 아주 간단하지만 공학 역사 최대 참사의 원인을 알기 쉽게 설명해준다.

준비물

▶ 장갑
▶ 클립

방법

1 안전을 위해 장갑을 낀다.

2 클립을 똑바로 편다.

3 양쪽 끝을 엄지와 검지로 꼬집듯이 잡는다.

4 양쪽 끝이 닿을 만큼 천천히 구부린다.

5 이번에는 반대 방향으로 양쪽 끝이 거의 닿을 때까지 구부린다.

6 클립이 부러질 때까지 앞뒤로 구부리기를 반복한다.

공학 원리

이번 실험에서는 금속피로에 대해 알아보았다. 지금은 구조물 설계에 반드시 반영되지만 1870년대에는 미처 정립되지 않았던 개념이다. 금속은 장시간 반복적으로 압박을 가하면 약해지다 결국 부러진다. 테이 브리지의 돌출부도 1879년 그날 밤 강풍으로 인한 엄청난 압박에 조금씩 약해지다가 무너진 것이다.

제6장

침몰하지 않는 배, 타이타닉 호

영국 여객선 타이타닉 호는 1912년 4월 10일 대서양을 가로지르는 첫 항해에 나섰다. 당시 세계에서 가장 크고 가장 유명한 배였다. 신문과 잡지마다 이 화려한 배의 객실과 체육관, 수영장, 일등석으로 이어지는 우아한 계단의 사진을 실었다. 선주는 타이타닉 호가 "결코 침몰할 수 없도록" 설계된 배라고 자화자찬했다.

항해를 시작한 지 나흘째 되던 날 자정 무렵 타이타닉 호는 빙하와 충돌했다. 세차게 부딪힌 배를 포기해야 한다는 사실은 곧 자명해졌다. 승객들은 구명정으로 몰려들었고 배는 점점 차가운 대서양 수면을 향해 기울었다. 충돌 시점으로부터 채 세 시간이 지나지 않아 타이타닉 호는 두 동강이 난 채 해저로 가라앉았다. 무려 1,500명이 넘는 사망자가 발생한 이 사고는 역사상 가장 안타까운 선박 참사로 기록됐다. "결코 침몰할 수 없는" 배는 결국 침몰하고 말았다.

무엇이 문제였을까?

당시 선박에는 레이더, 인터넷 연결망, 위성항법장치 등 오늘날 충돌의 위험을 막기 위해 필수적으로 갖추는 기술 장비가 전혀 없었다. 에드워드 스미스 선장과 선원 885명은 맨눈과 인근 배들이 전보로 보내 주는 정보에 의존해야 했다.

4월 14일 오후 11시 40분, 드디어 올 것이 왔다. 타이타닉 호가 21노트(시속 38킬로미터)로 캐나다 뉴펀들랜드 남동쪽 640킬로미터 해역을 지나고 있을 때 약 400미터 전방에 빙하가 나타난 것이다. 피하기에는 이미 늦었다. 빙하는 뱃머리 옆 부분과 충돌했다. 이 충격으로 타이타닉 호의 우현에 많은 구멍이 생겼다.

열여섯 개 수밀구획(배가 충돌이나 좌초 따위로 침수하는 것을 부분적으로 막아 안전을 유지하기 위해 만든 구획) 중 여섯 개에 물이 밀려들어 왔다. 배는 잠수함처럼 서서히 앞으로 기울며 바닷속으로 빨려 들어가기 시작했다. 경보음이 울렸고, 오전 0시 40분부터 승객들이 구명정에 탑승하기 시작했다. 여기저기서 "여자와 아이 먼저!"라는 외침이 울려 퍼졌다.

자매선

타이타닉 호는 선박회사 화이트스타라인이 만든 여객선 시리즈 세 척 중 하나였다. 올림픽 호는 1911년 운항을 시작했다. 뉴욕으로 가는 첫 항해를 무사히 마쳐 1935년까지 운행을 계속했다. 1914년 진수한 세 번째 배 브리타닉 호는 제1차 세계대전 때 영국 병원선으로 사용됐는데, 1916년 어뢰와 충돌해 침몰했다. 브리타닉 호 침몰사고의 생존자인 간호사 바이올렛 제솝은 타이타닉 호에도 탑승했다가 살아남았다.

갑판 밑에선 선박 내부 각 구역에 물이 밀려들고 있었다. 선체가 무거워지면서 뱃머리가 갈수록 앞으로 기울었다. 일등석을 제외하고 모든 객실이 갑판 아래쪽에 있었다. 출입구와 계단에 찬 물 때문에 빠져나오지 못한 채 배와 함께 가라앉은 승객들이 많았다.

타이타닉 호는 끊임없이 구조요청 전보를 발송하며 인근을 지나는 배가 볼 수 있도록 조명탄을 쏘아 올렸지만 소용이 없었다. 배는 계속 기울다가 오전 2시 20분, 마침내 두 동강이 나면서 가라앉았다. 오전 4시, 여객선 카파시아 호가 현장에 도착해 생존자 710명을 구조했다. 거친 물살과 뇌우, 빙하로 인해 타이타닉 호의 목적지였던 뉴욕에 도착하는 데 예상보다 훨씬 많은 시간이 걸렸다. 그리하여 참사 나흘 뒤 생존자들이 항구에 도착했고, 무려 4만 명의 인파가 그들을 맞이했다.

시간을 거슬러

타이타닉 호에 적용된 설계 대부분이 공학적 실수를 토대로 결정됐다. 설계자들은 이 배를 열여섯 개 '수밀구획'으로 나누고 격벽이라 불린 수직 벽을 각 구역 사이에 설치했다. 배가 무엇인가와 충돌해서 선체에 구멍이 뚫려 물이 들어오면 격벽이 일제히 닫힌다. 물이 들어온 구역은 저수지처럼 차단되는 것이다. 설계자들은 네 개 구역까지 물이 차올라도 배가 계속 떠 있을 수 있으며, 나머지 구역이 물에 잠기지 않도록 막을 수 있다고 강조했다.

이론에 따르면 타이타닉 호는 충돌 후에도 며칠 동안 가라앉지 않고 버티다 가까운 항구로 비상 입항할 수 있었다. 선주는 이 수밀구획 설계에 의존하여 임의로 구명정 수를 줄였다. 구명정이 일등석 객실의 전망을 해친다는 이유였다! 타이타닉 호가 싣고 있던 구명정 스무 척은 겨우 1,178명을 태울 수 있었는데, 승객은 전부 2,223명이었다. 요즘 기준으로 보면 명백한 불법행위였다.

타이타닉 호가 물에 뜰 수 있었던 원리를 파악해야 침몰의 원인을

격벽

알 수 있다. 타이타닉 호는 길이 268미터, 높이 53미터, 무게 4만 6,000 톤에 달하는 거대한 철제 선박이었다. 이렇게 거대한 배가 물에 뜰 수 있었던 이유는 부력 때문이었다. 수밀구획은 배의 밀도를 낮추고 부력을 유지해준다. 하지만 한 구역에 차오른 물이 넘쳐 옆 구역으로 넘어갈 경우 배 안에 머물며 부력을 만들어내던 공기가 밖으로 밀려나가고, 이 때문에 배가 오히려 더 빨리 침몰하게 된다.

바로 이 최악의 시나리오가 타이타닉 호에서 전개되었다. 각 격벽의 높이가 충분하지 않아서 물이 새어 들어온 뒤 옆 구역으로 흘러넘쳤다. 네 개 구역이 물에 잠겨도 버틸 수 있도록 설계됐는데, 여섯 개 구역에 물이 차오른 것이다. 결국 설계자의 의도대로 인근 항구에 닿기까지 버티지 못하고 곧바로 침몰하고 말았다.

부력의 기본 원리

특정 물체의 밀도가 물보다 낮으면 물에 뜬다. 밀도는 부피와 무게에 의해 좌우된다. 타이타닉 호는 엄청나게 무거웠지만 동시에 거대했고, 객실, 연회장, 복도 등 곳곳에 공기가 차 있었다. 그러나 물이 밀려들어오면서 부력을 잃어 가라앉고 말았다.

실험 | 10

부력 느끼기

공학자들은 문제의 원인을 찾기 위해 모형을 만들어 활용한다. 이번 실험에서는 찰흙으로 배를 빚어 주방 개수대에 띄워보면서 부력에 대해 알아본다. 거대한 선박이 바다 위를 떠다닐 수 있는 원리도 이와 같다.

준비물

▶ **싱크대**
▶ **물**
▶ **찰흙(또는 공작용 점토)**
▶ **종이타월**

방법

1 개수대 구멍을 막고 물을 가득 채운다.

2 찰흙 한 덩어리를 공 모양으로 빚는다(레몬 크기 정도).

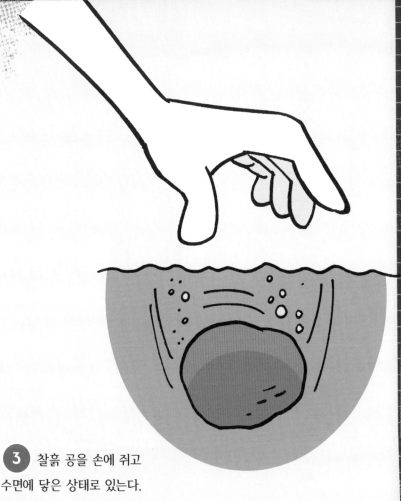

3 찰흙 공을 손에 쥐고
수면에 닿은 상태로 있는다.

4 손에서 공을 놓는다. 바닥으로 가라앉을 것이다.

5 종이타월로 공의 물기를 닦은 뒤 바닥이 편평한 배 모양으로 다
시 빚는다(손바닥 크기 정도). 양옆이 위를 향하도록 빚는다.

6 배를 수면에 닿도록 들고 있다가 놓는다. 이번에는 물 위에 뜰 것이다.

공학 원리

부력의 원리를 잘 보여주는 실험이다. 부력은 물체를 밀어 올리는 액체의 힘(여기서는 개수대에 받아놓은 물의 힘이고, 타이타닉 호를 받쳤던 대서양의 힘)이다. 한편 물체(찰흙 공 혹은 타이타닉 호)에는 가라앉으려는 힘이 있어서 물을 밀어낸다. 여러분이 물을 받아놓은 욕조에 들어가면 물체(몸)가 물을 밀어내기 때문에 흘러넘치는 것이다. 물체의 무게가 물의 양보다 적으면 물 위에 뜨게 된다. 찰흙 배나 타이타닉 호는 배의 무게보다 훨씬 많은 양의 물을 밀어내야 했기에 둥둥 떴다. 찰흙 공도 무게는 같았지만 크기가 훨씬 작았기 때문에 물을 많이 밀어내지 못해서 가라앉았다. 그러나 타이타닉 호는 충돌로 인해 물이 배 안으로 밀려들어오면서 무게가 점점 늘어나서 가라앉았다.

수밀구획으로 흘러넘친 물

이번 실험에서도 진짜 공학자처럼 모형을 만들어서 수밀구획의 기본 원리를 눈으로 확인해보자. 매우 간단하지만 타이타닉 호가 가라앉은 원인을 명료하게 보여준다. 일단 냉동고에 들어 있는 제빙틀을 활용하면 된다. 제빙틀의 빈 네모 칸은 타이타닉 호의 수밀구획을 뜻한다. 이 수밀구획 중 한 곳에 물이 흘러들어오자 나머지 구획으로 계속 넘쳐 들어가면서 참사가 발생했다.

준비물

▶ 욕조나 싱크대
▶ 물
▶ 주전자 또는 플라스틱 병
▶ 플라스틱 제빙틀
▶ 찰흙 또는 공작용 점토(필요할 경우)

방법

1 개수대나 욕조의 구멍을 막고 반 이상 물을 채운다.

2 주전자나 플라스틱 병에 물을 채운다.

3 물을 채운 개수대나 욕조에 제빙틀을 띄운다.

계속

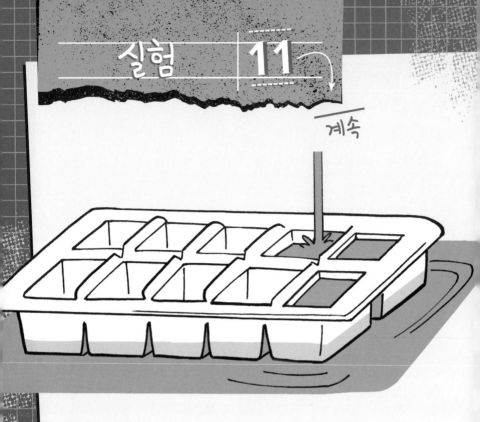

4 주전자에 채운 물을 조심스럽게 제빙틀 오른쪽 끝 네모 칸 두 개에 붓는다. 제빙틀이 가라앉지 않는지 확인한다.

5 다음 네모 칸 두 개에 물을 계속 부어서 세 번째 네모 칸 두 개로 넘쳐흐르도록 한다.

6 계속해서 옆 네모 칸으로 이동하며 제빙틀이 가라앉을 때까지 물을 붓는다.

7 좀처럼 잘 가라앉지 않는 제빙틀이 있다. 그럴 경우 찰흙을 구슬처럼 빚어서 각 네모 칸에 하나씩 넣어둔다.

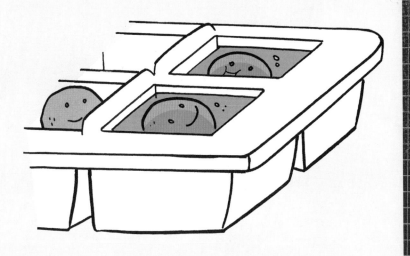

공학 원리

타 이타닉 호 설계자들은 수밀구획 네 개에 물이 차오르더라도 배가 가라앉지 않을 것이라고 예견했다. 그러나 참사가 벌어졌던 그날 수밀구획 여섯 개가 파손되었고 칸막이 벽이 꼭대기까지 제대로 닫히지 않아 물이 흘러넘쳤다. 이 실험으로 당시 물이 어떻게 흘러넘쳤으며, 이로 인해 뱃머리가 어떻게 물속으로 빨려 들어갔는지 알아볼 수 있다.

제7장

보스턴 당밀 홍수

1 919년 미국 보스턴에서 발생한 '죽음의 당밀 홍수' 사건에 대해 들어본 적이 있는가? 이 질문을 받으면 사람들은 대부분 실소를 터뜨리며 '솜사탕 사건'이나 '아이스크림 사건'은 없었냐고 되묻는다. 하지만 "진실은 소설보다 초현실적이다"라는 격언도 있듯, 당밀 홍수 사건은 실제로 있었던 사건이 맞다. 15미터 높이 탱크를 꽉 채우고 있던 당밀(사탕수수로 설탕을 만들 때 나오는 부산물인 자당을 함유한 시럽—옮긴이) 870만 리터가 탱크 폭발로 분출하여 그야말로 홍수처럼 도시를 뒤덮었다. 당밀은 시속 56킬로미터의 빠른 속도로 시가지를 휩쓸었고 당밀의 이동 경로에 있던 사람, 말, 자동차가 모두 잠겨버렸다. 이 폭발로 21명이 숨지고 150명이 다쳤다.

그로부터 수십 년이 지났지만 아직도 보스턴에서는 무더운 여름이면 당밀 냄새가 올라오는 듯하다고 말하는 사람들이 있다. 사실일 수도 있고 아닐 수도 있지만 여전히 한 가지 의문이 남아 있다. 엄동설한 1월에 도대체 어떻게 당밀이 홍수를 이루어 흐를 수 있었을까?

무엇이 문제였을까?

수요일 정오를 조금 지난 시간이었다. 당시 보스턴 전역은 활기로 가득 차 있었다. 제1차 세계대전이 두 달 전 끝났고, 젊은 베이브 루스가 이끌던 메이저리그 레드 삭스팀이 3년 만에 두 번째 월드시리즈 우승 컵을 거머쥐었다. 무엇보다 아직 겨울인 1월에도 화창한 날씨가 며칠째 이어지며 따사로운 봄의 기운을 전하고 있었다.

한편 도심에서 멀리 떨어진 산업지구 노스엔드는 그날도 바삐 돌아가고 있었다. 점심시간이 되자 일부 근로자들은 야외로 나와 미국 인더스트리얼알코올컴퍼니의 당밀 탱크 그늘에 자리를 잡고 앉았다. 곡선 형태 판금으로 제작된 이 탱크는 높이가 15미터에 달했고 액상 설탕인 당밀로 가득 차 있었다.

오후 12시 40분, 탱크에서 우르릉 하는 굉음이 들렸다. 이어 무슨 소리인지 추측해볼 겨를도 없이 2.5미터에서 7.5미터 높이의 당밀 파도가 탱크에서 솟구쳐 나와 거리를 뒤덮었다. 당밀은 시속 56킬로미터라는

삼각무역

그렇게 많은 당밀이 보스턴에 있었던 이유는 무엇일까? 이 이야기는 몇 백 년 전 식민지 시대로 거슬러 올라간다. 카리브해 여러 섬에서 생산되는 당밀은 배에 실려 보스턴으로 운송됐고, 럼주를 만드는 데 쓰였다. 생산된 럼주의 일부는 서아프리카로 수출됐는데, 미국 상인들은 럼주를 판 돈으로 현지에서 노예를 사들여 카리브해로 보냈고, 이 노예들이 당밀 생산을 위한 사탕수수 재배에 동원됐다. 1919년은 노예제도가 폐지된 뒤였고, 당밀은 럼주 대신 산업용 알코올 원료로 사용됐다.

어마어마한 속도로 시가지를 휩쓸었다. 당시 보스턴 거리에 이보다 빠른 차는 없었다.

보스턴이브닝글로브 지는 현장을 이렇게 묘사했다. "거대한 탱크의 파편이 허공을 날아다녔고, 주변 건물들은 받침대를 뽑아버린 듯 구겨지기 시작했으며, 무너진 건물 잔해에 수십 명이 매몰됐다. 수많은 사상자가 발생했다."

사람들은 이 당밀 홍수를 눈으로 보고도 믿지 못했다. 쓰나미에 비유하는 이들도 있었다. 당밀 파도가 지나간 자리에는 무너진 고가철도와 구겨진 건물, 전복된 차량 잔해가 끈적거리는 액체와 뒤엉켜 나뒹굴었다. 현장에 도착한 의료진은 부상자들에게 접근하기 위해 허리까지 차오른 당밀 바다를 헤치며 이동해야 했다. 뒷수습에 수개월이 소요됐고, 당밀을 씻어내고 흡수하기 위해 엄청난 소금물과 모래가 투입됐다.

시간을 거슬러

당시 공학자들은 탱크의 구조적 결함과 겨울답지 않게 따뜻했던 날씨가 복합적으로 작용해 폭발로 이어진 것이라고 결론지었다. 하지만 피해자와 유족들은 미국 인더스트리얼알코올컴퍼니를 고소했다. 그러자 이 당밀 회사는 곧바로 정치적 극단주의자들이 탱크에 폭탄을 설치했다고 주장하고 나섰다.

당밀 홍수에 철로를 잃은 보스턴고가철도 역시 고소 대열에 합류했다. 이 철도회사는 탱크 폭발이 당밀 회사의 과실 때문임을 입증하기 위해 찰스 스포퍼드 교수 등 저명한 공학자들을 기용했다. 스포퍼드는 탱크의 잔해를 케임브리지에 있는 매사추세츠공과대학(MIT) 연구실로 가져갔다.

정밀 검사와 실험을 거친 뒤 스포퍼드는 탱크를 만드는 데 사용한 금속판이 너무 얇아 내부에 담겨 있던 당밀의 압력을 견디지 못했다는 결론을 내렸다. 더욱이 금속판을 이어 붙이는 데 쓰인 리벳(대갈못)의 양이 충분하지 않아 압력이 커지면서 리벳이 버티지 못하고 튀어나왔던 것으로 유추되었다. 목격자 진술도 이런 결론을 뒷받침했다. 사람들은 "기관총을 쏘듯" 탱크에서 리벳이 튀어나와 여기저기 날아다녔다고 말했다.

결국 폭탄이 설치됐다는 주장은 입증되지 않았고, 탱크 설계에 문제가 있었음이 분명해졌다. 수사관들은 탱크 제조 과정을 점검해 더욱 확고한 증거를 찾아냈다. 1915년 탱크 제조를 감독했던 이는 건축가도 공학자도 아니었다. 심지어 설계도도 읽을 줄 모르는 사람이었다! 지역 주민들은 탱크가 가동된 첫날부터 액체가 새어 나왔다고 지적했다. 회사는 이런 문제를 바로 잡기는커녕 탱크 전면에 갈색 페인트를 칠해 눈속임을 하려 했다.

액체가 액체 상태를 벗어날 때?

당밀 홍수가 더욱 괴상했던 이유 중 하나는 어마어마한 속도였다. 당밀은 과학자들이 '비뉴턴 유체'라고 부르는 흥미로운 물질이다. 케첩, 치약, 생크림 등이 여기에 해당하는데, 비뉴턴 유체는 힘을 가하면 점도(끈적거림)에 변화가 생긴다. 케첩병을 그냥 기울이고 있으면 케첩이 잘 나오지 않지만 힘껏 흔들면 내용물이 일시에 쏟아져 내린다. 탱크 안의 당밀도 높은 압력을 받고 있었다. 그러다 탱크가 폭발하면서 그 힘이 작용해 기관총알처럼 사방으로 분출한 것이다.

압력 견뎌내기

전문가들이 당밀 탱크 파편을 분석한 바에 따르면 자재로 쓰인 금속이 워낙 약했고, 리벳(대갈못)도 몇 개 되지 않아서 당밀의 압력을 견디기엔 역부족이었다. 당밀이 발효하면서 발생된 가스 압력이 높아진 원인 중 하나인 것으로 추정된다(당밀이 발효하면 당분 일부가 알코올로 바뀌면서 부산물로 가스가 발생한다). 그러나 일단 탱크에 채워 넣은 당밀 양이 너무 많았던 것이 가장 큰 문제였다. 액체의 깊이가 15미터가 넘었던 탓에 탱크 바닥으로 갈수록 압력이 높아졌다. 이는 바닷속 깊이 들어갈수록 압력이 높아지는 것과 같은 이치다. 이번 실험을 통해 깊이와 압력이 비례한다는 사실을 확인할 수 있다. 또한 높아진 압력이 액체에 어떠한 작용을 하는지도 배우게 될 것이다.

준비물

▶ 빈 페트병 세 개(모두 크기가 같아야 한다)
▶ 끝이 뾰족한 연필이나 칼
▶ 친구 두 명
▶ 물

주의!

물이 많이 흐를 수 있으므로 실외에서 실험을 진행하도록 한다. 날카로운 연필이나 칼을 사용할 때는 다치지 않도록 주의해야 한다.

1 연필이나 칼로 첫 번째 페트병에 연필 둘레만큼 큰 구멍을 뚫는다. 병 주둥이로부터 약 5센티미터 떨어진 위치가 적당하다.

2 두 번째 페트병에도 1단계처럼 구멍을 뚫는다. 이번에는 병 중간에 뚫는다.

3 세 번째 페트병에도 1단계처럼 구멍을 뚫는다. 이번에는 병 바닥으로부터 약 2.5센티미터 떨어진 높이에 뚫는다.

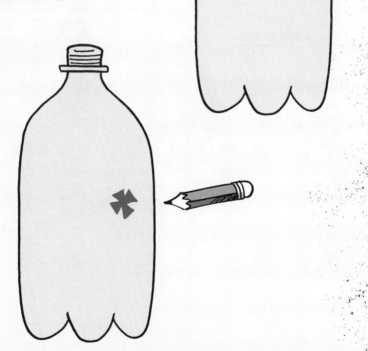

계속

4 친구들에게 병을 하나씩 나눠주고 나머지 하나는 직접 든다. 각자 병에 뚫린 구멍을 손가락으로 막고 물을 가득 채운다.

5 병을 약 0.5미터 간격으로 나란히 세운다. 병에 난 구멍은 내가 바라보고 있는 곳을 향해야 한다. 셋이 동시에 구멍을 누르던 손가락을 뗀다.

6 세 물줄기가 얼마나 멀리 뻗어나갔는지 측정한다.

공학 원리

병에 뚫린 구멍이 바닥과 가까울수록 물에 더 큰 힘이 가해져 더 멀리 뻗어나갔을 것이다. 그러니 실제로 900만 리터에 달하는 당밀이 들어 있었던 탱크 바닥의 압력은 얼마나 높았을지 상상해보라!

당밀의 유속

1919년 1월 보스턴 시민들이 받았던 충격은 어마어마했다. 일단 탱크가 터졌다는 사실이 충격이었고, 탱크 속 내용물이 그처럼 빠른 속도로 흐를 수 있다는 사실은 더 큰 충격이었다. 당밀은 가해지는 압력에 따라 행동 양상이 달라지는 비뉴턴 유체다. 이 실험에서는 또 하나의 비뉴턴 유체인 치약을 이용해서 행동 양상의 변화를 눈으로 확인해볼 것이다.

준비물

▶ 가장 싼 치약 한 개

방법

1 반드시 실외에서 실험을 진행한다.

2 치약 뚜껑을 열고 바닥에 놓는다. 내용물이 빠져나오지 않도록 조심한다.

3 치약 튜브를 손가락으로 1초 정도 살짝 눌러서 내용물이 얼마나 빠져나오는지 확인한다.

4 이번에는 치약을 바닥에 내려놓고 있는 힘껏 발로 내리밟는다.

공학 원리

비뉴턴 유체에 갑작스러운 힘을 가하는 실험을 방금 마무리했다. 비뉴턴 유체는 가해지는 압력에 따라 전혀 다른 행동 양상을 보인다. 압력이 가해지지 않았을 때 치약은 튜브 안에 그대로 머물렀고, 손가락으로 살짝 누르자 아주 천천히 빠져나왔다. 그러나 발로 힘껏 내리밟자 탱크 속 당밀이 그랬듯 맹렬한 속도로 뿜어져 나왔다.

제8장

힌덴부르크 참사

독일을 출발하여 미국에 착륙을 시도하다 화염에 휩싸인 채 지상으로 추락한 독일 비행선 힌덴부르크호의 비극적인 마지막 순간은 라디오로 생중계되고 있었다. 현장을 중계하던 아나운서는 충격을 감추지 못했다. 수백만 명의 청취자가 "이럴 수가!"라고 울먹이던 아나운서의 떨리는 목소리를 듣고만 있어야 했다. 지금은 세계 곳곳에서 일어나는 극적인 사건들을 실시간으로 접하는 게 당연하지만, 1930년대에는 전대미문의 경험이었다. 미국 뉴저지 주의 레이크허스트 해군 항공기지에서 벌어진 이 참사를 전 세계가 함께 목도했다. 추락 원인은 아직도 다 밝혀지지 않았다.

이 참사는 항공 산업의 발전 속도를 수십 년 전으로 되돌리는 요인으로 작용했다. 비행선이 다시 화려하게 복귀할 수 있을까? 아마 이 추락의 진짜 이유를 샅샅이 밝혀낸 뒤에나 가능할 것이다.

무엇이 문제였을까?

1930년대 초에는 대서양을 건너려면 일주일 이상 걸리는 배편을 이용해야 했다. 상업 여객기가 있긴 했지만 승객과 짐을 싣고 장거리 비행을 할 만한 규모와 성능을 갖추지 못했고, 필요한 연료를 실을 공간도 없었다. 더욱이 승객들 사이에는 비행기를 타면 다리에 쥐가 날 만큼 불편하다는 인식이 퍼져 있었다. 실제로 오늘날의 이코노미석보다 더 불편했다!

1930년 독일은 선박 여행의 편안함과 고급스러움을 항공 여행의 속도에 결합시킨 대안적 운송 수단을 고안했다. 시가처럼 생긴 거대한 풍선 형태의 기체에 엔진과 객실을 장착한 비행선이었다. 1895년 최초의 비행선을 설계한 페르디난트 폰 체펠린 독일 백작의 이름을 따서 이 여객 비행선을 체펠린이라고도 불렀다. 체펠린은 제1차 세계대전 당시 폭격용으로 투입되기도 했다. 1933년 아돌프 히틀러의 나치당이 독일 정권을 잡았을 때 체펠린은 국가적 자부심과 기술력의 상징으로 자리 잡았다.

1936년 독일은 LZ 129 힌덴부르크 호 운항을 시작했다. 길이 243미터, 폭 40미터에 달하는 초대형 비행선이었다. 당시까지 등장했던 비행체 중 가장 컸다. 승무원은 50명, 승객은 최대 72명까지 탑승이 가능했고 독일과 뉴저지 주 레이크허스트 해군 항공기지 사이를 운항했다.

대서양을 20회 정도 왕복 운항한 뒤였던 1937년 5월 4일, 이 비행선은 독일 프랑크푸르트에서 이륙하여 비

운의 마지막 운항에 들어갔다. 비행선은 이틀 뒤 뉴욕 상공을 지나 뉴 저지의 착륙 지점에 도달했다. 뇌우 때문에 예정보다 한 시간가량 늦게 도착한 힌덴부르크 호는 착륙 여건이 개선되기를 기다리며 상공을 선 회하고 있었다. 지상 60미터 상공까지 내려왔을 때 선장이 계류삭(선박 등을 부두에 정박 시킬 때 사용하는 밧줄-옮긴이)을 내리라고 명령했다. 계류삭 을 내리면 지상에서 대기하던 착륙 유도원들이 이를 잡아 비행선을 안 전하게 하강시킬 예정이었다.

바로 그때 지상에 있던 사람들이 힌덴부르크 호 꼭대기 부분에서 푸 른 불빛을 목격했다. 꼬리 부근에서 화염이 치솟은 지 1초도 되지 않아 거대한 폭발이 일어났고 비행선 전체가 거대한 불덩이로 변해버렸다. 힌덴부르크 호는 순식간에 불길에 휩싸인 채 추락했다. 힌덴부르크 호 와 함께 비행선의 미래도 소멸되고 말았다.

시간을 거슬러

힌 덴부르크 호 사고는 설계와 시공의 실패를 넘어 수수께끼 같은 사건이었다. 제2차 세계대전 발발이 임박한 시점에 나치에 반대하는 이들이 이 거대한 비행선에 사보타주를 가했던 것일까? 비행선에 대한 자부심이 강했던 독일인들 대다수는 설계와 시공의 결함을 인정하려 하기보다 음모론에 무게를 두었다.

사보타주와 설계, 시공은 모두 한 단어로 귀결된다. 바로 수소다. 힌덴부르크 호가 뜰 수 있었던 이유는 시가 모양 '풍선'에 수소 가스를 채웠기 때문이다. 수소는 화학물질 중 가장 가볍다. 공기보다도 가벼워서 비행선에 충분한 양력(揚力)을 제공한다. 수소는 또 순식간에 점화되는 물질이기도 하다. 수소를 이용한다면 불꽃이나 갑작스러운 열에 노출되지 않도록 안전장치를 갖춰야 했다.

힌덴부르크 호 참사는 수소 가스에 불이 옮겨붙어 발생했다는 데 대부분

> ## 사보타주
> 고의로 파괴하거나 피해를 입히는 행위. 대개 은밀히 벌어진다.

이 동의한다. 문제는 '어떻게 옮겨붙었는가'이다. 답은 여전히 미궁이다. 사보타주 때문이었을 가능성은 크지 않다. 독일 당국은 비행 전 승무원과 승객을 세밀히 점검했다. 미군도 지상 요원들을 면밀히 살폈기에 총격이나 폭탄, 수소 점화 시도 등의 조짐이 보였다면 사전에 이를 막았을 것이다.

이 수수께끼를 풀기 위해 현대 항공 기술자들이 힌덴부르크 호 추락 영상을 분석했다. 그리하여 지상 60미터 상공에서 계류삭을 내릴 때 정전기가 발생해 수소 가스를 점화시켰을 가능성이 있다는 가설을 도출했다. 그날 저녁 뇌우가 금속 선체에 스파크를 일으켜 점화로 이어졌을 수 있다는 분석도 나왔다.

오늘날 비행선은 광고, 관광, 탐험 등의 용도로 사용된다. 일부는 교통수단으로 쓰이기도 한다. 당연히 현대 비행선은 수소를 사용하지 않는다. '부양 가스'로 헬륨이나 뜨거운 공기(열기구의 원리와 같다)를 이용한다. 따라서 답은 명확하다. 수소를 사용하지 않았으면 참사를 막을 수 있었다!

그때는 왜 헬륨을 쓰지 않았을까?

수소가 그렇게 위험하다면 왜 당시 독일인들은 힌덴부르크 호에 수소 대신 헬륨을 넣지 않았을까? 파티용 풍선에 사용되는 헬륨은 수소만큼 가볍지만 불이 붙지 않는다. 1930년대에는 헬륨이 지금보다 훨씬 귀했다. 헬륨을 충분히 보유하고 있었던 나라는 미국뿐이었다. 미국은 독일과 헬륨을 공유할 생각이 없었다. 미 의회는 1927년 헬륨 가스의 수출을 금지하는 헬륨통제법을 통과시키기도 했다.

정전기의 힘!

힌덴부르크 호 폭발 사고의 가장 유력한 원인 중 하나로 뇌우(雷雨)로 인해 일대에 축적된 정전기가 지목되었다. 이 가설에 따르면 비행선을 착륙시키려고 계류삭을 내릴 때 전자의 흐름과 스파크가 발생했고, 이 때문에 수소에 불이 붙은 것이다. 이 실험은 약간의 정전기로도 큰 충격이 발생할 수 있다는 사실을 보여준다. 학교 복도처럼 매끄러운 바닥이 길게 뻗은 장소에서 실험을 진행하면 더 확실한 결과를 얻을 수 있을 것이다(교무실 앞은 피하도록 하자). 깡통을 누가 더 멀리 보내는지 시합을 할 수도 있다.

준비물

▶ 친구 최소 한 명에서 세 명
▶ 사람 수에 해당하는 풍선
▶ 사람 수에 해당하는 빈 음료 깡통
▶ 바닥이 매끄러운 긴 복도
▶ 양모 천

방법

1 참가자들이 하나씩 풍선을 불고 끝을 묶는다. 그런 뒤 한 사람씩 돌아가며 다음 단계를 밟는다.

2 음료 깡통이 복도를 굴러갈 수 있도록 바닥에 놓는다.

3 풍선을 머리에(머리카락이 너무 짧을 경우 양모 천에) 대고 세게 비빈다.

4 캔을 바라보고 선 후 풍선을 내린다.

5 캔이 풍선을 향해 굴러올 것이다. 천천히 뒷걸음질을 치며 캔이 계속 굴러오게 한다.

6 가장 멀리 캔을 구르게 하는 사람이 승자!

공학 원리

여러분은 이 실험에서 정전기를 만들어냈다. 다행히 힌덴부르크호 규모의 참사로 이어질 수준은 아니었다. 머리카락에 풍선을 비비면 전자가 풍선 표면으로 이동하고, 이를 통해 풍선에 음전하가 생긴다. 깡통의 표면은 반대로 약한 양전하이기 때문에 깡통과 풍선 사이에 서로 잡아당기는 힘이 발생한다. 이 힘은 깡통이 풍선의 전자를 끌어당겨 양전하와 음전하의 균형이 맞춰질 때까지 계속 작용한다.

물과 불

힌덴부르크 호 참사의 원인을 규명하려면 수소가 왜 그토록 빨리 점화돼 폭발에 이르렀는지를 알아내야 한다. 시가 모양 풍선(힌덴부르크 호)의 표면에 칠해진 페인트가 원인으로 지목되기도 했다. 이 페인트는 풍선 외피의 강도를 높여 안정적인 비행을 도와주는 화학물질을 함유하고 있었다. 그런데 이 페인트는 인화성이 매우 높았다. 애초부터 사용해서는 안 되었던 것이다. 현대 비행선은 더 이상 부양 가스로 수소를 사용하지 않지만, 안정성과 내화성을 함께 갖춰야 한다는 대원칙 아래 제작된다. 이번 실험에서는 기본적인 재료를 이용하여 풍선 표면에 불이 붙지 않게 만드는 방법에 대해 알아본다. 위험한 실험은 아니지만 만일에 대비해 고글과 장갑을 준비하자.

준비물

- ▶ 성냥
- ▶ 초(유리컵 안에 세운다)
- ▶ 생일파티용 풍선 두세 개
- ▶ 고글
- ▶ 장갑
- ▶ 계량컵
- ▶ 물
- ▶ 친구

방법

1 초에 불을 붙여 테이블 위에 올려둔다.

2 풍선을 불어 끝을 묶는다.

3 고글을 착용하고 한 손에 장갑을 낀 뒤 장갑 낀 손으로 풍선을 잡는다.

4 천천히 그리고 조심스럽게 풍선을 촛불 가까이 가져간다. 촛불 바로 위에 이르면 풍선은 터져버릴 것이다.

5 이번에는 계량컵에 물을 채우고, 친구에게 또 다른 풍선의 주둥이를 벌리고 있게 한다.

6 풍선에 물을 가능한 한 가득 채운다. 테이블스푼으로 두세 번 떠 넣는 정도의 물이 들어갈 것이다.

7 물이 든 풍선을 불어 아까처럼 끝을 묶는다.

8 3단계와 4단계를 반복한다. 풍선을 5초 동안 촛불 위에 갖다댄다. 이번에는 터지지 않을 것이다.

과학 원리

이 실험에서는 물의 성질을 이용해 풍선 외피에 일종의 '특수 처리'를 했다. 여기서 물은 촛불의 열을 흡수해 풍선에 구멍이 나지 않도록 막는 역할을 한다. 이처럼 현대 비행선은 표피에 물 대신 열을 견디거나 흡수하는 재료로 특수 처리된 섬유를 쓴다. 이를 통해 폭발 사고를 예방하고 있다.

제9장

타코마 해협 현수교

공학 수업에서는 동영상을 종종 활용한다. 동영상을 보면서 설계와 시공의 원리를 더 쉽게, 재미있게 이해할 수 있기 때문이다. 그중 한 동영상에는 금문교와 흡사한 현수교가 나온다. 화면 속 행인이 쓰고 있었던 모자가 빠르게 날아가는 장면으로 미루어볼 때 강풍이 불고 있음을 알 수 있다. 육중한 차들이 뒤에 보조 타이어를 매달고 있으니 영상의 배경은 1930년대쯤 될 것이다.

지루한 홈비디오인가 생각하게 될 즈음 이상한 광경이 펼쳐진다. 다리 위 도로가 조금씩 좌우로 흔들리고 뒤틀리는 것이 아닌가? 마치 거대한 줄넘기 줄이 돌아가는 것처럼 위아래로 출렁이는 다리는 단단한 아스팔트와 콘크리트, 강철의 조합이 아니라 하늘하늘한 리본 같다. 심지어 흔들리는 다리 위에는 아직 차들이 있다! 곧이어 다리는 두 동강이 나면서 누더기 천 조각처럼 아래로 떨어진다.

도대체 무슨 일이 벌어진 것일까? 카메라맨이 술을 마셨나? 착시 효과인가? 콘크리트 다리가 어떻게 저럴 수가 있지?

무엇이 문제였을까?

타코마 해협의 현수교는 도시공학과 도로 안전, 다리 등에 관심 있는 사람이라면 누구나 흥미로워할 연구 과제다. 미국 워싱턴 주의 퓨젓사운드 만을 가로지르는 현수교는 세계에서 세 번째로 긴 다리였는데, 폭은 불과 11미터였다. 그토록 극적인 최후를 맞게 된 원인은 바로 이렇게 '길고 좁은' 구조에 있었다. 단단해야 할 다리가 줄넘기 줄처럼 휜 것 역시 이런 이유 때문이다.

타코마 현수교 건설을 총괄한 공학자는 리언 모이세프였다. 그는 다리를 더 좁고 가볍게 만들기 위해 원래의 계획을 수정했다. 그러면 비용을 절약하면서도 다리의 강도를 유지할 수 있으리라 믿었다. 모이세프 설계의 중요한 요소 중 하나는 보강 트러스(stiffening truss)의 생략이었다. 그는 우아한 다리를 만들고 싶어했다. 보강 트러스와 함께 V 자 형태로 다리 밑에 자리 잡을 지지대는 공사장의 비계나 초보자용 자전거의 보조바퀴처럼 흉물스럽다고 생각했다. 설계를 바꿀 경우 타코마 다리의 강도는 샌프란시스코 금문교와 뉴욕의 조지 워싱턴 다리 등 비슷한 현수교의 3분의 1 수준에 지나지 않았다. '우아한' 외관이 그렇게나 중요했을까? 게다가 태평양 연안 북서부 지역은 비와 안개, 강풍으로 유명하다. 아니나 다를까 1940년 7월 타코마 해협 현수교가 개통되고 며칠 지나지 않아서 다리의 상판은 약한 바람에도 위아래로 출렁이기 시작했다.

보강 트러스

현수교 타워의 기둥과 연결돼 지지력과 강도를 높여주는 V 자 형태로 된 한 쌍의 들보

같은 해 11월 7일 오전 7시가 조금 넘은 시간에 케네스 아킨 워싱턴 주 도로당국 의장이 강한 바람 소리에 놀라 타코마 현수교에 도착했

껑충껑충 거티

타코마 해협 현수교는 건설 중에 이미 흔들림이 시작됐다. 인부들이 멀미를 호소할 정도였다. 다리가 개통되고 흔들림에 대한 소문이 퍼지면서 스릴을 찾는 이들이 몰려들었다. 다리 상판이 바람에 위아래로 흔들릴 때마다 그 위를 지나는 차들이 보였다 안 보이는 현상이 반복되었고, 이 때문에 타코마 현수교에는 '껑충껑충 거티(Galloping Gertie)'란 별명이 붙었다.

다. 다리는 2초마다 위아래로 10미터 이상 출렁이고 있었다. 오전 10시 정각에 그는 모든 차량의 통행을 금지했다. 그 후 30분 만에 다리 중앙의 지지용 케이블 끊어지면서 다리는 더욱 세차게 출렁였다. 이어 다리 상판이 부러졌고, 케이블에 연결돼 있던 두 탑이 중앙을 향해 기울면서 완전히 붕괴되었다. 다행히 아무도 다치지 않았지만 그 결과는 재난에 가까웠다. 그 이후 무너져 내린 다리를 다시 짓는 데 10년이 걸렸다.

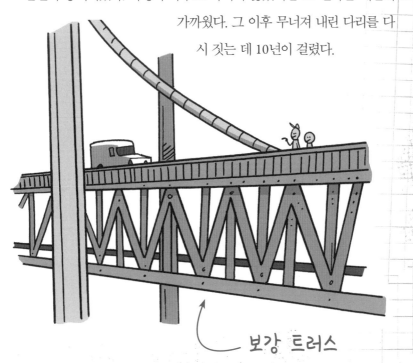

보강 트러스

시간을 거슬러

타코마 해협 현수교 붕괴 사건에도 풀리지 않는 수수께끼가 있다. 좌우에서 불어오는 바람이 다리를 위아래로 움직일 수 있을까? 현대 과학자들은 당연히 가능하다고 생각한다. 타코마 현수교 사태 이전의 공학자들도 바람에 의해 상하 운동이 나타나는 현상을 발견했다. 비록 과학적으로 설명하지는 못했지만, 상하 운동이 나타날 때와 그렇지 않을 때를 관찰해 교량 설계에 반영했다.

19세기에도 바람이 현수교의 상하 운동을 일으킬 수 있다는 사실이 널리 알려져 있었다. 1870년 존 로블링이 설계해 1883년 개통한 브루클린 다리는 이런 바람의 영향을 고려해 지었다. 금문교를 비롯한 여러 현수교의 보강 트러스도 이를 줄이기 위해 설치한 것이었다.

타코마 현수교 붕괴의 수수께끼를 푸는 열쇠는 상하 운동이 꼬임 운동으로 바뀌는 현상에 있다. 이 현상이 다리에 사용된 재료들을 심각하게 약화시켰다. 진동하는 다리의 움직임은 회오리바람을 일으켰다. 바람의 나선형 회전운동은 다시 다리의 꼬임 운동을 유발하기 시작했다. 그렇게 커진 진동에 결국 케이블이 끊어지고, 꼬임 현상은 치명적인 단계에 접어들었다. 이 지경에 이르면 바람은 더 이상 변수가 되지 않는다. 다리가 스스로 버틸 수 없게 되는 것이다.

타코마 현수교에 진동과 케이블 흔들림을 줄이기 위해 흡진기를 설치했지만, 너무 약했던 것으로 드러났다. 진동은 케이블을 끊어버릴 만큼 커지고 말았다. 케이블이 끊어지면서 상판 한쪽이 아래로 처져 불균형 상태가 됐고, 상하 운동은 꼬임 운동으로 전환됐다. 바로 이 꼬임 현상 때문에 상판이 두 동강 나고, 케이블이 모두 끊어지고, 결국 다리가 붕괴된 것이다.

흡진기

케이블에 부착돼 진동에너지를 흡수함으로써 흔들림을 줄여주는 장비

흡진기

흡진 기술

현대의 공학자, 건축가, 건설업자 들은 타코마 해협 현수교 붕괴사고에서 많은 교훈을 얻었다. 설계 과정에서 바람, 비, 지진, 갑작스러운 기온 변화 등에 대비해 반드시 실험실 테스트를 거치는 등 기본에 충실해야 한다는 사실을 깨달았다. 타코마 해협 현수교는 흡진기(교량과 케이블의 흔들림을 흡수하는 단순하지만 필수적인 장치)를 갖추고 있었지만 참사를 막기에는 역부족이었다. 도대체 흡진기는 어떻게 작동하는 것일까? 집에 흡진기가 있을 리 없으니 직접 만들어보자.

준비물

▶ 손잡이가 달린 3.7리터짜리 빈 플라스틱 병 두 개
▶ 물
▶ 180센티미터 길이 줄넘기 줄
▶ 놀이터 그네
▶ 시계 또는 타이머

방법

1 빈 병 두 개에 물을 채우고 뚜껑을 닫는다.

2 줄넘기 줄의 한쪽 끝을 플라스틱 병 하나의 손잡이에 끼운다. 병을 줄넘기 줄의 가운데로 보낸다.

3 친구를 그네에 앉힌다.

4 친구의 그네가 내 어깨 높이까지 오게 뒤로 당긴다.

5 다른 친구에게 타이머로 시간을 재라고 하고, 그네를 탄 친구에게는 움직이지 말고 가만히 앉아 있으라고 한 뒤 그네를 놓아 앞뒤로 흔들리게 한다.

6 흔들리던 그네가 멈추면 '타이머' 친구에게 그네가 멈추는 데 시간이 얼마나 걸렸는지 물어보고 그네를 탄 친구를 내리게 한다.

7 줄을 끼운 플라스틱 병을 그네 옆에 놓고 줄의 양 끝 손잡이를 그네 좌석의 쇠줄에 끼운다. 이때 타이머를 든 친구가 병을 들어준다.

8 그네 좌석의 반대편 쇠줄에 줄넘기 줄의 한 끝을 끼우고 이를 다시 다른 플라스틱 병 손잡이에 끼운다. 이때 그네를 탄 친구가 다른 플라스틱 병을 들고 있다.

9 줄넘기 줄의 양 끝을 서로 묶는다. 두 플라스틱 병이 그네 좌석의 양쪽에 각각 매달리게 될 것이다.

10 3~6단계를 반복하고 시간을 잰다.

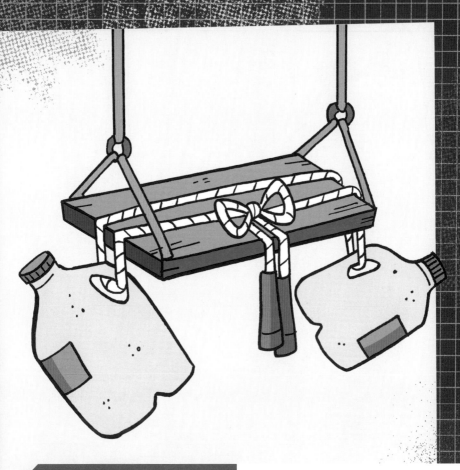

공학 원리

그네에 장착된 물이 든 플라스틱 병은 공학자들이 교량, 고층빌딩, 고가도로 등을 설계할 때 설치하는 흡진기와 같은 역할을 한다. 흔들리는 힘을 일부 흡수해 그 움직임을 줄여주는 것이다. 그래서 플라스틱 병을 달았을 때 그네가 더 일찍 멈춘다.

멈춰버린 셔먼 탱크

수천에 달하는 미군이 유럽에서 전쟁의 쓴맛을 처음 경험하고 있었다. 며칠째 프랑스 해변에 주둔하며 제2차 세계대전 중에서도 가장 치열한 전투를 치르는 중이었다. 적진을 뚫고 프랑스 내륙으로 전진해야 할 때가 왔다. 나치군은 정확히 프랑스 어느 지역일지 확신하지 못했지만 대규모 공격을 예상하고 있었다. 미군과 연합군은 프랑스에서 독일군을 몰아낸다 해도 더 큰 전투가 기다리고 있으리라는 사실을 알고 있었다. 그러나 연합군은 두 가지 면에서 유리한 고지를 점하고 있었다. 하나는 공군력이었다. 날이 맑을 때마다 전투기들이 독일군 주둔지를 지속적으로 공습했다. 나머지 하나는 2년 전 북아프리카에서 승리를 거둘 때 큰 역할을 했던 셔먼 탱크였다.

셔먼 탱크는 해변에서 내륙으로의 진군을 이끌었다. 웬만한 장애물은 짚으로 만들어진 듯 깔아뭉개고 나아갔다. 그런데… 스노타이어 없는 자동차 상당수가 눈에 파묻히듯 꼼짝달싹 못하는 상황에 놓였다. 움직이지 못하는 탱크는 그냥 제자리에 앉아 있는 오리나 다름없었다. 무슨 일이 일어난 걸까?

무엇이 문제였을까?

1944년 6월 6일. 세계는 사상 최대 규모의 해상 수송 상륙작전을 목격했다. 16만 병력이 5,000척이 넘는 배를 타고 영국에서 새벽에 출항했다. 몇 시간 뒤 80킬로미터에 걸쳐 뻗어 있는 프랑스 북부 해안에 도착했고, 작은 상륙선들이 병사들을 해변으로 실어 날랐다. 그곳에는 독일군 정예부대가 기다리고 있었다. 미군, 영국군, 캐나다군으로 구성된 연합군은 마침내 독일의 해안 방어망을 무력화시키고 유럽 본토에 발판을 확보했다. 우리는 그날을 디데이라고 부른다.

상륙 작전은 또 다른 전투의 시작일 뿐이었다. 독일군 방어선은 훨씬 내륙까지 펼쳐져 있었다. 그들은 동맹군을 다시 바다로 내쫓으려 결사적으로 버텼다. 하지만 추가 연합군 병력이 중화기를 이끌고 속속 도착했다. 선발대가 가장 애타게 기다렸던 무기는 바로 막강한 셔먼 탱크였다.

연합군은 해변에서 여러 지역으로 흩어졌다가 동쪽으로 진군하여 프랑스와 벨기에를 거쳐 독일로 가려는 목표를 세웠다. 그러려면 먼저 프랑스에 주둔해 있는 독일군 병력부터 격파해야 했다. 독일군의 저항선을 뚫는 임무가 셔먼 탱크 부대에 주어졌다. 하지만 탱크 상당수가 단 1킬로미터도 전진하지 못했다. 프랑스 북부 지역의 부드러운 진흙 땅에 바퀴가 빠져 꼼짝할 수 없는 처지가 되었기 때문이었다.

독일군은 티거 탱크와 판터 탱크를 준비해놓고 셔먼 탱크를 기다리

셔먼 탱크의 장점

셔먼 탱크는 장점이 많았다. 일단 덩치가 그리 크지 않아서 배나 열차로 수송하기가 용이했다. 더욱이 당시 군수물자 생산에 동원됐던 미국 자동차 공장에서 쉽고 빠르게 만들어낼 수 있었다. 자동차 조립라인을 통해 5만 대가 넘는 셔먼 탱크가 생산됐다. 그리고 단단한 토양(또는 도로가 깔려 있는 전장)에서 셔먼 탱크는 미군의 강력한 화력에 기동력을 더해줬다.

고 있었다. 둘 다 셔먼 탱크보다 무거웠고, 철갑은 두 배 가량 더 두꺼웠다. 사정거리가 더 길고 적 탱크의 철갑을 효과적으로 뚫어버릴 수 있는 강력한 화력도 갖추고 있었다. 미군 탱크 부대의 한 지휘관은 독일 탱크의 포가 셔먼 탱크의 철갑을 박살내는 장면을 "뜨거운 나이프로 버터를 자르는 것 같았다"라고 표현했다. 티거와 판터 탱크는 단단한 땅에서는 셔먼 탱크보다 느렸지만, 바퀴 트랙의 폭이 넓어 북부 유럽의 부드러운 토양에서는 훨씬 효율적으로 움직일 수 있었다.

시간을 거슬러

오늘날 군사공학자들은 탱크에 화력과 스피드, 철갑의 성능까지 모두 갖추는 방법을 연구할 때 종종 셔먼 탱크를 언급한다. 셔먼 탱크 설계자들은 신속하게 다량의 탱크를 만들어내야 했기에 시험운전까지 해볼 시간이 허락되지 않았다. 셔먼 탱크는 미래의 탱크 설계자들에게 중요한 교훈으로 남았다.

셔먼의 특징 중 몇 가지는 유럽의 전투 환경에 대한 부정확한 정보에서 비롯됐다. 바퀴 트랙이 좁았고, 포도 비교적 가벼웠고, 이동 속도를 높이려고 가벼운 철갑을 적용했다. 이 때문에 프랑스의 부드러운 토양에 처박혀 움직이기 어려워지자 적의 공격에 더 취약해졌다. 셔먼 설계자들은 엔진을 강력하면서도 가볍게 만들라는 주문을 받았다. 그래서 항공기 엔진을 개조해 셔먼에 장착했다. 그런데 엔진 연료가 일반 탱크 연료보다 훨씬 불이 잘 붙었다. 독일군 포탄에 철갑만 뚫리는 것이 아니라 아예 탱크 전체가 불덩이로 변하는 상황이 수시로 벌어졌다. 새로운 탱크를 설계한다면 이런 문제를 극복해야 했다. 이후 셔먼의 약점을

개선한 퍼싱 탱크가 개발됐지만 2차 대전에 투입되기에는 너무 늦게 등
장했다.

셔먼 탱크가 전투 중인 상황에도 연합군은 독일 탱크와 맞설 방법을
끊임없이 연구했다. 전장의 탱크에 철갑을 더 두를 수는 없었지만 조
금 더 나은 보호 수단이 강구되었다. 승조원들이 나뭇조각과 모래주머

니, 심지어 철조망까지 닥치는 대로 긁어모아 셔먼 탱크의 옆면과 전면
에 부착했던 것이다. 이것이 얼마나 효과가 있었는지 가늠하긴 어렵지
만 최소한 승조원들에게 방어막이 조금 더 두꺼워졌다는 심리적 위안
을 줄 수는 있었다.

이보다 훨씬 성공적인 개조도 이뤄졌다. 승조원들은 좁은 바퀴 트랙
의 양옆에 오리너구리라 불린 장치를 덧대 폭을 넓혔다. 이는 부드러운
땅에서도 독일 탱크처럼 안정적으로 움직일 수 있게 해줬다. 하지만 너
무 빠르게 달릴 때는 이 장치가 떨어져나가곤 했다.

코끼리 발자국

셔먼 탱크는 독일군의 티거 탱크나 판터 탱크보다 훨씬 가벼웠지만 독일 탱크의 트랙이 훨씬 넓었다. 트랙이 넓으면 탱크 무게가 더 넓게 분산돼 부드러운 흙 사이로 빠질 염려가 줄어든다. 코끼리 발자국의 원리와 같다. 코끼리의 발은 매우 크고 넓어서 그 육중한 무게를 분산해주는 까닭에 발자국 깊이가 여성의 하이힐 발자국 깊이보다 얕다. 흔히 과학자와 공학자들은 과학적 절차를 엄격히 따르지 않고 대충대충 빠르게 해치우는 약식 실험을 '빠르고 더러운' 실험이라고 표현한다. 셔먼 탱크의 트랙 문제를 다루는 이번 실험은 (문자 그대로) 빠르고 더러운 실험이다.

준비물

▶ 풀
▶ (버릴 때가 된) 낡은 신발 한 켤레
▶ 신발 상자 두 개 (폭이 넓을수록 좋다)
▶ 푸석푸석한 흙
▶ 갈퀴
▶ 매일 신는 신발 한 켤레
▶ 자

방법

1 낡은 신발 한 켤레를 신발 상자 안쪽 바닥에 풀로 붙인다.

2 신발 상자 두 개가 충분히 들어 갈 만한 땅에 깔릴 정도의 양으로 푸석 푸석한 흙을 준비한다. 화분에 쓰이는 흙 도 괜찮다.

3 갈퀴로 흙에 섞여 있는 돌을 골라내 표면을 고 르게 만든다.

계속

4 매일 신는 신발을 신은 상태로 흙을 밟고 선다. 양 발이 모두 흙을 디뎌야 한다.

5 흙 밖으로 나와서 자로 발자국 깊이를 잰다.

6 갈퀴로 흙의 표면을 다시 고르게 만든다.

7 신발바닥에 상자를 붙인 낡은 신발을 신고 4~5단계를 반복한 후 발바닥 깊이를 재 본다.

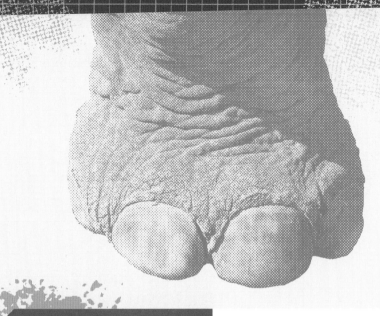

공학 원리

이 실험에서 코끼리 발자국이 얕은 원리, 그리고 셔먼 탱크가 더 무거운 독일 탱크와 달리 땅에 박히게 됐던 이유를 확인했다. 아마 두 번째로 측정한 발자국의 깊이가 첫 번째보다 더 얕았을 것이다. 이는 압력 때문이다. 과학자들은 압력(이 경우 발자국의 깊이로 나타난다)을 측정할 때 힘을 면적으로 나눈다. 등식은 P=F/A다. 이 실험에서 첫 번째와 두 번째 발자국을 만든 힘(내 몸을 끌어당기는 중력의 크기)은 같았지만 면적이 달랐다. 첫 번째 발자국을 만든 신발은 두 번째 발자국의 신발 상자보다 좁은 면적을 차지하므로 더 큰 압력이 발생한다(힘을 더 작은 수로 나누게 되니까). 거꾸로 면적이 넓으면 힘을 더 큰 수로 나누게 되니 압력은 작아진다. 이런 원리로 트랙이 넓은 탱크가 좀 더 무겁긴 해도 부드러운 땅에 빠질 위험은 더 낮았던 것이다.

스프루스 구스의 비행

극단적 발명품을 논할 때 '스프루스 구스'라고 불렸던 H-4 허큘리스 비행정을 빼놓을 수 없다. 그때까지 나온 어떤 비행기보다 컸고, 지금도 '날개가 가장 긴 비행기'라는 기록을 보유하고 있다. 설계와 제작에 몇 년이 걸렸는데, 괴짜 억만장자 하워드 휴즈의 작품이었다.

계획했던 일정이 늦어지고 예산 낭비라는 지적이 있기는 했지만 결국 프로젝트가 마무리되어 엄청난 규모의 비행정이 탄생했다. 제2차 세계대전이 끝난 지 2년 만이었다. 스프루스 구스는 당초 군인과 탱크를 대서양 너머로 수송하려고 만들었는데, 1947년 11월 2일 정반대 지역인 미국 서부의 캘리포니아 항구에서 시동을 걸었다. 엔진의 회전속도를 높여 이륙한 뒤 20미터 상공에서 롱비치 항구 주변을 1.6킬로미터쯤 선회하다 착륙했다.

그것이 마지막이었다. 이후 스프루스 구스는 날기는커녕 연간 유지관리비만 100만 달러(오늘날 화폐 가치로는 1,000만 달러 이상)에 달하는 첨단 격납고를 한 번도 벗어나지 못했다. 과연 스프루스 구스는 값비싼 장난감에 지나지 않았을까? 아니면 비운의 천재가 만든 역작이었을까?

무엇이 문제였을까?

미국은 1941년 2차 대전에 뛰어들면서 많은 병력과 중장비를 대서양 건너로 실어 날라야 했다. 당시 대서양 횡단은 결코 쉽지 않았다. 선박은 독일 잠수함 U-보트의 먹잇감이 되곤 했다. 의회는 대안으로 거대한 비행기를 만드는 방안을 검토했다. 활주로가 아닌 물에서 이착륙을 할 수 있는 '비행정'으로 병력과 장비를 유럽까지 실어 나른다는 발상이었다. 그러려면 총 중량 35톤은 감당할 수 있어야 한다는 계산이 나왔다. 1942년 10월 의회는 휴즈 항공사에 비행정 제작을 의뢰했다. 계획을 구체화하는 과정에서 기대에 부푼 휴즈는 비행정 규모를 당초 계획의 두 배로 키웠다. 엔진 여덟 개를 장착하고 적재중량도 68톤으로 대폭 늘렸다. 완전무장한 병력 750명 또는 30톤짜리 M4 셔먼 탱크 두 대를

비행정

비행정은 물에서 이륙과 착륙을 할 수 있다. 날개에 부낭(浮囊)이 달려 있는 수상비행기와 달리 몸통인 기체 자체를 부낭으로 활용한다. 스프루스 구스는 나무로 만들어서 부력을 확보하기가 용이했다.

수송할 수 있는 규모였다. 휴즈가 맞닥뜨렸던 큰 장애물 중 하나는 자재 확보였다. 전쟁 중이라 철과 알루미늄 같은 금속은 공급이 부족했다. 그래서 자작나무 합판을 이용했고, 그 때문에 '스프루스 구스'란 별명이 붙었다. 비행정을 조립하던 기술자들이 물에서 이륙하는 거대한 나무 거위를 떠올렸기 때문이다. 1945년 2차 대전이 끝날 때까지 스프루스 구스는 완성되지 않았고 휴즈는 비판과 조롱의 대상이 됐다. 하지만 그는 물러서지 않았다. 끝까지 자신이 제대로 된 비행정을 만들었다고 주장하며 1947년 11월 2일 시험 비행에 기자들을 불러 모았다. 직접 조종간을 잡고 물 위에서 이륙과 착륙을

규모확장

어떤 물체의 규모를 동일한 비율로 확대하는 것

시도하는 모습을 보여주고자 했던 것이다. 스프루스 구스는 당시 롱비치 항구를 두 번 가로질렀는데, 휴즈는 거기서 멈추지 않다. 갑자기 엔진 출력을 높이고 방향을 틀어 고도를 높였다. 그렇게 비행정의 처음이자 마지막 비행이 끝났다. 스프루스 구스는 성공작이었을까 실패작이었을까? 지금도 논쟁이 끊이지 않는 질문이다.

시간을 거슬러

H-4 허큘리스를 연구하기 위해 시간을 거슬러 갈 필요가 있을까? 정말 실패작이었을까? 만드는 과정에서 설계가 바뀌긴 했지만 비행정은 결국 하워드 휴즈가 선택한 설계대로 만들어졌다. 더욱이 불과 몇 분 동안 1.6킬로미터를 나는 데 그치긴 했지만 실제로 날기는 날았다.

그러나 이런 사실은 본질을 간과하고 있다. 이 비행정의 유일한 목적은 병력과 중장비 수송이었는데, 전쟁은 이 짧은 시험 비행을 하기 2년 전에 이미 끝났다. 더 이상 병사를 실어 나를 필요가 없었고, 비용 문제도 컸다. 2,200만 달러에 달하는 세금이 투입된 이 비행기를 보고 납세자들은 사기를 당했다고 느꼈을지 모른다.

1947년의 시험 비행 이후 비판론자들은 스프루스 구스가 다시 날았다 해도 20미터 이상 올라갈 수 없었을 것이라고 주장했다. 지면 효과(ground effect) 때문에 그 높이를 유지할 수밖에 없다는 것이다. 지면 효과는 지면에 가깝게 비행할 때 양력(공중에 뜨기 위해 필요한 힘)이 증가하고 항력(뜨는 것을 가로막는 힘)이 줄어드는 현상을 말한다. 그러다 2014년, 영국 글린더 대학의 항공 공학자 닉 버든이 특수한 항공 컴퓨터 프

수수께끼 백만장자

하워드 휴즈는 1905년 부유한 사업가 겸 발명가의 아들로 태어났다. 젊은 시절 재력을 이용해 할리우드에서 영화를 제작했지만, 열정을 보인 분야는 비행이었다. 1932년 휴즈 항공사를 설립해 고속 비행기 설계와 실험을 시작했다. 1938년 그는 세계일주 비행에 나섰고 3일 19시간 4분 만에 성공하며 종전 기록을 깼다. 스프루스 구스로 큰 낭패를 본 뒤에는 은둔 생활에 들어갔다. 그는 1975년 세상을 떠났다.

로그램에 스프루스 구스의 데이터를
입력했다. 시뮬레이션을 통해 이 비
행정은 설계 목표치인 6.4킬로미터

상공까지 날아오를 수 있다는 결과가 나왔다. 다만 조종사가 회전할
때 매우 조심해야 했다. 잘못하면 기체가 균형을 잃고 빙빙 돌다 추락
할 수 있었다.

　스프루스 구스가 정말 '비행'을 했는지에 대한 의구심은 잠시 접어두
고, 제작에 왜 그렇게 오랜 기간이 소요됐는지 몇 가지 기본적인 과학
과 공학 지식을 동원해 알아보자. 이 비행정은 최대 75톤에 달하는 화
물을 실어 나르기 위해 만들어졌다. 이런 중량을 싣고 비행하려면 양력
이 많이 필요하고, 그렇게 많은 양력을 확보하려면 날개가 커야 한다.
그래서 H-4 허큘리스의 날개 폭이 97미터에 달하게 되었고, 지금까지
도 가장 긴 날개라는 기록을 보유하게 되었다. 또한 큰 날개에 걸맞은
동력을 확보하기 위해 날개마다 3,000마력짜리 엔진을 달았다.

　휴즈가 나무 대신 귀한 금속을 조달할 수 있었다면 더 빨리, 더 싸게
비행정을 만들 수
있었을까? 그럴지도
모른다. 하지만 스
프루스 구스는 너무
컸다. 비슷한 계열의
더 효율적인 비행정
들이 생산되어 오늘
날까지 명맥을 이어
오기는 어려웠을 것
이다.

양력 실험

스프루스 구스 이후에 만들어진 비행기들은 더 무겁거나 더 길었지만 날개폭이 그만큼 길지는 않았다. 스프루스 구스에 그토록 거대한 날개가 달렸던 이유는 충분한 양력이 필요했기 때문이었다. 선풍기나 낙엽 청소기를 이용하면 양력의 원리를 실험해볼 수 있다. 여기서는 친구들과 시합을 겸해 할 수 있는 무척 단순한 실험을 소개하겠다. 양력 실험인데, 이 실험에서 양력은 아래로 향하게 된다. 헷갈린다고? 일단 해보면 이해가 갈 것이다.

준비물

▶ **친구 몇 명**
▶ **직사각형 종이**
▶ **가위**
▶ **테이블**

방법

1 친구들에게 탁자 위에 놓인 종잇조각을 불어서 떨어뜨리는 시합을 제안한다.

2 종이를 접는다. (직사각형 양쪽 긴 면의 중앙이 접히게 한다)

3 접힌 선을 따라서 종이를 자른다.

4 절반으로 잘린 종이의 긴 면을 다시 4분의 1만 접는다.

5 반대편도 4분의 1을 접어 먼저 접은 부분과 가운데에서 만나게 한다.

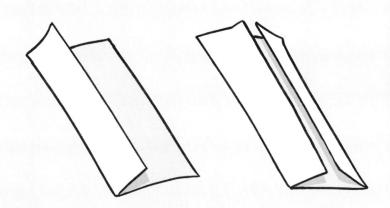

6 접힌 부분을 다시 펴서 탁자 위에 다리처럼 세워놓는다. 탁자 가장자리에서 30센티미터가량 떨어진 곳에 놓는다.

7 친구 한 명에게 탁자 표면에 입으로 바람을 불어 종이가 밀려 떨어지게 해보라고 한다. 종이는 날아가 떨어지는 대신 탁자에 납작하게 밀착될 것이다.

8 이제 직접 바람을 불어본다. 종이보다 살짝 위쪽을 불면 종이는 곧장 날아갈 것이다!

공학 원리

친구가 탁자 표면 높이로 바람을 불었을 때 종이 아래쪽의 공기 분자가 빠르게 이동했고, 이는 종이 아래쪽 기압을 낮췄다. 이때 종이 위쪽은 바람이 불지 않아 압력이 정상으로 유지되었고 그 힘이 종이를 아래로 밀어 누른 것이다. 종이 위쪽으로 바람을 불었을 때는 반대 현상이 나타나 종이가 쉽게 날아갈 수 있었다. 비행기 날개도 똑같은 원리로 작동한다. 차이가 있다면 날개 윗부분이 곡선으로 휘었다는 것이다. 이 곡선은 날개 위를 지나는 공기의 속도를 높여 위로 향하는 압력이 발생하게 한다. 양력을 '떠오르는 힘'이라고 부르는 이유가 이 때문이다. 스프루스 구스처럼 날개가 많을수록 더 큰 양력을 얻을 수 있다.

항력 실험

비행과 관련해 가장 중요한 힘 세 가지는 양력, 추진력, 항력이다. 양력과 추진력이 항력과 반대로 작용하면서 비행이란 현상을 만들어낸다. 항력은 일종의 장애물이다. 자전거를 탈 때 얼굴에 부딪혀 오는 바람을 생각해보라. 바람은 자전거의 속도를 끌어내리려 한다. 비행기는 날개가 제공하는 양력으로 이 항력을 극복해야 하는데, 그러려면 비행기가 전진해야 한다. 바로 이 때문에 엔진이 만들어내는 추진력이 필요하다. 추진력은 비행기를 앞으로 움직이게 해 항력을 이겨내는 양력이 발생하도록 도와준다. 로켓이나 화살처럼 공기를 가르는 형체도 항력을 줄이는 효과가 있다. 한데 H-4 허큘리스는 화물을 많이 싣기 위해 동체를 거대하게 만들었다. 이런 형체로 항력을 이겨내려면 양력을 높이기 위해 날개도 거대해야 하고 추진력을 높이기 위해 엔진도 거대해야 했다. 이후 비행기들은 그렇게 큰 날개와 엔진이 없어도 항력을 극복할 수 있는 형체로 설계됐다. 이 실험을 통해 자신에게 항공기 설계사가 될 자질이 있는지 알아보자.

준비물

▶ 길쭉하고 투명한 주전자
▶ 물
▶ 찰흙(또는 공작용 점토)
▶ 도와줄 친구
▶ 스톱워치

계속

방법

1 주전자에 물을 채운다.

2 찰흙을 여섯 조각 이상으로 나누어 각각 구슬 모양으로 빚는다.

3 각 구슬을 제각각 다른 형태로 만든다(기다란 튜브 모양, 둥근 모양, 원반 모양, 눈물방울 모양 등).

4 친구에게 스톱워치로 시간을 재달라고 부탁한다.

5 찰흙 한 조각을 쥐고 물 표면에 댄 다음 물속으로 떨어뜨릴 때 친구가 스톱워치를 누르게 한다.

6 찰흙 조각이 바닥에 닿는 순간 스톱워치를 멈춘다.

7 각각의 찰흙 조각으로 4~6단계를 반복한다.

8 각각 떨어지는 데 걸린 시간을 비교한다. 가장 빨리 바닥에 닿은 조각이 가장 항력을 적게 받은 것이다.

공학 원리

비행에 관한 실험을 왜 물에서 할까? 비행과 관련된 법칙은 대부분 기체(공기 등)와 액체(물 등)에 똑같이 적용된다. 찰흙 조각이 액체에 가라앉을 때나 공중을 날아갈 때 항력을 결정하는 요인은 바로 형태다. 항공 공학자들은 청사진을 그리는 단계부터 이와 유사한 다양한 실험을 한다. 둥글거나 끝이 뾰족한 형태가 가장 항력을 적게 받는데, 이는 손으로 커튼을 밀어젖힐 때처럼 공기를 옆으로 밀어버리고 나아갈 수 있기 때문이다.

제12장

누더기
고층 빌딩

보스턴은 식민지 시대 건축물과 푸르른 공원, 아름다운 강변이 유명한 도시다. 뉴욕이나 시카고처럼 고층 빌딩으로 가득하지 않다. 고층 빌딩을 짓기 위해 소중한 옛 건물을 밀어버리면 안 된다고 생각하는 사람들도 많다. 그런 사람들에게도 지지를 받은 고층 빌딩이 하나 있었으니, 바로 존 핸콕 타워다. 높이 240미터에 달하는 60층짜리 건물로 1976년 완공과 동시에 보스턴에서 가장 높은 빌딩이 됐다. 가늘고 우아한 외관에, 거울 같은 창문은 푸른빛이 감돌아 맑은 날이면 하늘과 보기 좋게 어우러졌다.

그런데 한 가지 문제가 있었다. 무게가 226킬로그램에 달하는 유리창이 창틀에서 분리되면서 조각조각 지상으로 쏟아져 내리기 시작한 것이다. 총 65개 창문이 떨어져 나갔고, 그렇게 구멍이 난 창문에는 임시로 합판을 붙여놓은 탓에 건물은 누더기가 되고 말았다. 설상가상으로 꼭대기 층 사람들은 멀미를 호소하기 시작했다. 건물 안에서 멀미가 난다니?

무엇이 문제였을까?

창문 문제는 타워를 아직 짓고 있던 1973년 시작됐다. 1월 20일, 시속 120킬로미터로 한겨울 돌풍이 불어닥쳤다. 1만 344개 창문 중 65개가 헐거워지더니 땅으로 추락했다. 이후 몇 년 동안 매사추세츠공과대학(MIT)과 하버드 대학의 유능한 엔니지어들이 원인을 찾기 위해 매달렸다. 감지 장치를 건물 구석구석 설치했고, MIT 공학자들이 타워와 주변 건물의 축척 모형을 만들었다. 그들은 풍동에 이 모형을 넣고 바람이 창문에 정확히 어떤 영향을 주는지 실험했다. 건물 내부에서는 좀 더 기초적인 작업이 진행됐다. 우선 창문이 떨어져 나간 자리를 합판으로 메웠다. 그러자 '합판 궁전', '세계에서 가장 높은 합판 빌딩'이라는 조롱이 쏟아졌다. 바람의 강도가 시속 72킬로미터를 넘어설 때마다 건물 주변에 밧줄을 둘러쳐서 사람들의 접근을 막아야 했다. 건물 주변 거리에는 코너마다 경비원이 배치됐다. 이들은 의자에 앉아 건물을 올려보다가 유리창이 떨어진다 싶으면 호각을 불어야 했다.

공학자들은 마침내 창문이 떨어지는 수수께끼를 풀었다. 그러나 해결책은 창문을 모두 교체

풍동

바람이 사물에 미치는 영향을 파악하기 위해 인위적으로 공기의 흐름을 만들어내는 튜브 형태의 장치

하는 것뿐이었다. 하지만 새 유리창이 부착된 뒤에도 이 건물은 여전히 바람에 취약했다. 강풍이 불 때 타워가 앞뒤로, 심지어 회전하듯 흔들리는 모습을 본 한 목격자는 마치 코브라 댄스 같다고 표현했다. 그 무렵 꼭대기 층 사람들은 멀미약을 먹기 시작했다. 공학자들은 건물의 진동을 흡수하는 댐핑(damping) 작업을 통해 이런 흔들림을 차단할 수 있었다. 수십 년이 지난 지금, 존 핸콕 타워는 무사히 그 자리를 지키고

미니멀리즘 스타일

존 핸콕 타워를 만든 세계적 건축회사 I. M. 페이 앤드 파트너스는 이 건물을 1960~70년대 발달하기 시작한 미니멀리즘 스타일로 설계했다. 깎아지른 듯 가파른 외부 벽면과 추가 장식 요소의 최소화가 미니멀리즘 건축의 특징이다. 이 때문에 존 핸콕 타워는 창문에 장식용 문설주가 없고, 유리벽 네 개를 높다랗게 세워놓은 듯한 모양이 됐다.

있다. 이제는 흔들리지도 않고 창문이 떨어지지도 않는다. 그러나 노인 세대는 여전히 바람이 거센 날이면 멀찍이 떨어져서 걷는다.

시간을 거슬러

풍동과 실험실에서 복잡한 연구를 수행한 끝에 공학자들은 유리창이 아주 원초적인 이유로 떨어져 내렸다는 사실을 알아냈다. 각 창문은 판유리 두 장으로 이뤄졌고, 두 판유리 사이에는 스페이서(spacer)가 끼워져 있었다. 불행히도 이 스페이서는 판유리와 완벽하게 밀착된 상태였다. 기온 변화에 적응할 숨구멍이 전혀 없이 밀봉된 터라 유리가 열이나 냉기에 반응할 때 스페이서는 같이 움직이지 못했다. 이 때문에 스페이서와 맞닿은 부분에서 유리 조각들이 하나둘 떨어져 나오다 결국에는 유리창의 추락으로 이어진 것이다. 공학자들은 극적인 해결책을 들고 나왔다. 1만 344개 창문을 각각 단열 처리된 판유리 한 장으로 교체하는 것이었다.

시카고가 '바람의 도시'로 불리기는 하지만 미국에서 가

관성

사물이 운동 상태의 변화를 거부하고 기존 상태를 계속 유지하려는 성질

장 바람이 센 도시는 보스턴이다. 이 때문에 두 번째 문제가 찾아왔다. 존 핸콕 타워는 강풍이 불면 멀미가 날 만큼 흔들렸다. 그리하여 지역 공학자 윌리엄 르메서리어가 동조질량댐퍼(Tuned Mass Damper)란 해법을 제시하기에 이르렀다. 교량 댐퍼처럼 흔들림을 줄여주는 장치다. 이에 따라 300톤 규

모의 댐퍼 두 개가 58층에 설치됐다. 각각 윤활유를 입힌 판에 올려놓아 미끄러질 수 있도록 했다. 두 댐퍼는 건물의 철제 프레임과 스프링으로 연결됐다. 건물이 흔들리면 댐퍼 바

스페이서

납작한 판 형태의 물체 두 개를 부착할 때 간격이 일정하도록 사이에 끼우는 도구

닥의 판이 움직이게 되는데, 관성의 법칙 때문에 판은 움직임을 거부하며 고정된 상태를 유지하려 한다. 이때 강력한 스프링이 작용해 흔들리는 건물을 제자리에 붙잡아 세우는 것이다. 이 지역은 여전히 강풍으로 유명하지만, 댐퍼 설치 이후 타워는 안정을 찾았다.

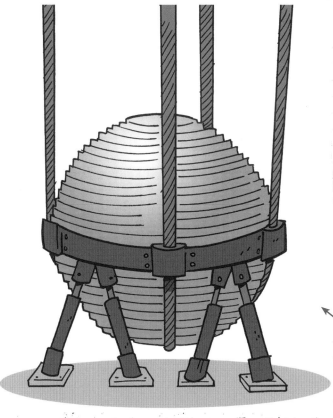

동조질량댐퍼

뜨거운 병 차가운 병

보스턴 '합판 궁전'의 문제는 밀봉이었다. 기온 변화가 판유리와 그 사이 공기에 미칠 영향을 고려하지 않고 유리를 너무 완벽하게 밀봉했던 것이다. 공기 분자는 따뜻할수록 더 활발하게 움직인다. 이 실험에서 물에 잠긴 병 안의 공기도 같은 현상을 보일 것이다. 보스턴은 여름에 폭염을 겪지만 겨울이면 한파가 닥쳐, 마치 냉장고에 넣은 병과 같은 상태가 된다. 존 핸콕 타워를 만든 공학자들은 이 기본적인 원리를 기억하고 있었을까? 아니면 미니멀리즘 디자인에 집착한 나머지 이를 간과했을까?

준비물

▶ 싱크대나 세면대(병이 들어갈 만큼 깊어야 한다)
▶ 물
▶ 풍선 여러 개
▶ 비어 있는 1리터 플라스틱 병 두 개
▶ 냉장고

방법

1 싱크대나 세면대에 뜨거운 물을 채운다. 손을 넣지 못할 정도로 뜨거워서는 안 된다.

2 준비된 풍선을 잡고 이리저리 당겨서 조금 늘인다.

3 플라스틱 병의 뚜껑을 열고 풍선 주둥이를 병 입구에 씌운다.

4 병을 물에 넣어 풍선 바로 밑까지 잠기게 한다.

5 풍선에 공기가 채워지는 모습을 관찰한다.

계속

6 다른 플라스틱 병은 뚜껑을 덮은 채로 냉동실에 넣는다.

7 세 시간 뒤 병을 꺼내 관찰한다. 병은 스스로 쪼그라들어 있을 것이다.

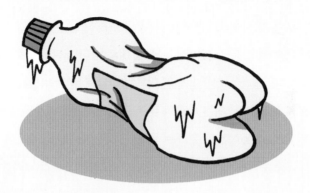

공학 원리

이 책에서 살펴본 많은 사례를 통해 기본적인 원칙을 간과할 경우 거대한 참사로 이어질 수 있음을 알게 되었을 것이다. 이 실험에서는 공기가 따뜻해지면 팽창하고 차가워지면 수축한다는 사실을 확인했다. 뜨거운 물속에서 병이 따뜻해지면 그 안의 공기는 덜 조밀해지고 더 많은 공간을 필요로 한다. 공기는 그 공간을 풍선에서 찾았다. 차가워지면 정반대 현상이 나타난다. 공기가 수축해 더 적은 공간을 차지하므로 플라스틱 병은 그에 맞춰 쪼그라들었다. 즉, 공기는 온도에 따라 물체(존 핸콕 타워의 판유리든, 플라스틱 병이든, 풍선이든)에 작용하는 힘이 달라진다. 또한 가열과 냉각은 열응력(thermal stress)이라 불리는 과정을 통해 철제 창틀의 연결 상태를 약화시킬 수 있다.

신기한 관성 체험

아이작 뉴턴 경은 300여 년 전에 '운동의 법칙'을 발견했다. 그중 관성의 법칙이 가장 먼저 정리되었다는 사실로 미루어 이 개념이 무척 인상적이었던 듯하다. "물체는 외부의 힘이 작용하지 않는 한 계속 멈춰 있거나 같은 속도로 움직인다" 이는 누군가 우주 공간에서 소프트볼을 치면 그 공이 한없이 계속 날아가게 된다는 뜻이다. 우주에는 공의 속도를 늦추는 마찰이나 중력 같은 외부의 힘이 없으니까. 도자기 그릇과 크리스털 컵을 차려놓은 식탁에서 아무것도 넘어뜨리지 않고 식탁보를 빼내는 마술사를 떠올려보라. 비슷한 실험을 직접 해볼 준비가 되었나? 이 실험은 관성의 신기한 힘을 재발견하는 기회가 될 것이다.

준비물

- ▶ 너무 얇지 않은 투명한 유리컵 두 개(불안하다면 플라스틱 컵도 좋다)
- ▶ 물
- ▶ 흰 종이 여러 장
- ▶ 탁자
- ▶ 플라스틱 병 뚜껑 두 개
- ▶ 달걀 여러 개(불안하다면 삶은 달걀로 준비한다)

방법

1 유리컵마다 물을 반쯤 채운다.

2 탁자에 종이를 올려놓고 먼 쪽 가장자리 가까이에 유리컵 두 개를 놓는다.

3 가까운 쪽 가장자리를 단단히 잡고 재빨리 당긴다.

4 컵들은 제자리에 그대로 서 있으면서 종이만 빠져나올 것이다.

계속

5 이제 종이를 컵들 위에 올려놓는다. (종이가 젖었으면 다른 종이를 사용하라) 이번에도 컵을 먼 쪽 가장자리에 놓는다.

6 종이 위에 병뚜껑 두 개를 올려놓는다. 각각 유리컵 중앙에 놓이게 한다. 뚜껑의 파인 부분이 위를 향하게 한다.

7 뚜껑마다 달걀을 하나씩 올려놓는다. 즉 컵 위에 종이, 종이 위에 뚜껑, 뚜껑 위에 달걀이 놓여야 한다.

8 3단계를 반복한다. 뚜껑은 날아가지만 달걀은 각각 유리컵 안으로 떨어질 것이다.

공학 원리

이 실험은 관성을 아주 잘 보여주고 있다. 밑에 깔려 있던 종이를 뺐을 때 유리컵이 제자리에 그대로 서 있을 수 있었던 이유는 관성 때문이었다. 존 핸콕 타워의 댐퍼도 바닥의 판이 흔들릴 때 관성에 따라 제자리에 있으려는 힘을 발산한 것이다. 물론 질량이 큰 물체일수록 관성의 힘도 크다. 질량이 작은 병뚜껑은 관성도 작아서 날아가 버렸지만 더 무거운 달걀은 그 자리에 남아 있었다. 즉, 관성을 높이기 위해 존 핸콕 타워에 무게 300톤의 거대한 댐퍼를 두 개나 설치했던 것이다.

제13장

1978년
미국

접착 불량 레이디얼 타이어

자동차 업계에 레이디얼 타이어(radial tire)가 등장한 때는 1970년대 초였다. 타이어 고무의 안쪽 디자인과 접착 방식이 전통적인 바이어스 플라이 타이어(bias ply tire)와 달랐다. 많은 운전자가 레이디얼 타이어의 향상된 안전성과 연비, 줄어든 떨림 현상, 늘어난 트레드 수명에 매료됐다. 자동차 제조사들이 앞다퉈 신차에 이 타이어를 적용하기 시작하면서 수요는 계속 늘었다.

대형 타이어 제조사 미쉐린과 굿리치가 레이디얼 타이어 생산에서 앞서 나갔고, 경쟁 기업인 파이어스톤 타이어 컴퍼니가 추격하는 양상이었다. 파이어스톤은 신속히 파이어스톤 500 레이디얼 타이어를 생산하기 위해 기존 설비를 개조했으나 품질이 들쑥날쑥했다. 고속 주행 시 타이어 펑크, 차량 전복, 치명적 충돌 사고 등이 속출하기 시작했다.

파이어스톤은 완강하게 어떤 책임도 인정하지 않았지만 여론은 분노했고 벌금과 소송이 잇따랐다. 결국 1세대 레이디얼 타이어 1,450만 개를 리콜하기에 이르렀다. 그 비용은 무려 1,618억 원이나 됐다. 이 회사가 다른 길을 택했다면 얼마나 많은 생명을 구하고, 또 얼마나 많은 비용을 아낄 수 있었을까?

무엇이 문제였을까?

1970년경 레이디얼 타이어의 등장은 자동차 설계와 공학 기술의 새 장을 여는 신호였다. 그때까지 공학자들은 엔진 기술, 연료 공급, 공기 저항, 전자부품과 씨름했고 끊임없이 발전하는 차량 내외부 개량에 몰두해 있었다. 레이디얼은 타이어에도 같은 수준의 관심을 기울일 경우 훨씬 향상된 제품이 나올 수 있음을 보여주었다.

파이어스톤은 이런 경향을 뒤늦게 파악하고 1971년 후반에 이르러서야 이 첨단 타이어를 생산하기 위해 새로운 장비를 들이고 새 공정을 위한 설비를 갖추기 시작했다. 오래지 않아 타이어의 바깥쪽 접지면(트레드) 부위와 안쪽의 구리도금 강선을 접착해주는 고무합성물에 문제가 발생했다. 접착이 떨어진 틈새로 물이 스며들 수 있었고, 이는 타이어 안쪽 철제 부위의 부식과 사이드월(타이어의 접지면과 휠 테두리 사이 부분)을 따라 타이어 내부와 외부가 분리되는 현상을 초래했다. 간혹 고속 주행 시 분리되는 경우도 발생했다.

교통사고가 잇따르면서 사상자가 계속 발생했다. 조사 결과 원인은 대부분 파이어스톤 500 레이디얼 타이어에 있었다. 파이어스톤에 교통사고 부상 및 사망 책임을 묻는 소송이 이어지자 마침내 연방정부가 레이디얼 타이어 조사에 나섰다. 하지만 고속도로교통안전위원회가 조사에 착수한 뒤에도 파이어스톤은 고집스럽게 타이어 생산과 판매를 계속했다. 1977년 11월 미국 자동차안전센터는 파이어스톤 500 레이디얼 타이어에 대한 리콜 명령을 내렸다.

이처럼 다각도로 압박이 가해졌으나 파이어스톤은 끝끝내 제품 결함을 부인하며 사고의 원인이 운전 미숙에 있다는 주장을 굽히지 않았다. 그러다 1978년 7월 미 하원 특별위원회가 이 타이어에 대한 공개

타이어의 중요성

파이어스톤 500 레이디얼 타이어로 인한 사고에서 볼 수 있듯 타이어의 접지면이 갑자기 떨어져 나갈 경우 차량은 매우 불안정하고 통제하기 힘든 상태가 된다. 고속 주행 때는 더욱 그렇다. 다른 차량과 부딪히지 않아도 경찰과 교통안전 전문가들이 '단독 충돌'이라고 부르는 사고로 이어질 수 있다. 바퀴 중 하나만 통제 불능에 빠져도 차가 전복될 수 있다. 1970년대 중반에 이르자 사이드월 부위가 툭 튀어나오고 쿵쿵거리는 소음이 발생하는 파이어스톤 제품을 안전하다고 생각하는 사람은 거의 찾아볼 수 없었다.

청문회를 열자 비로소 물러섰다. 결국 이 회사는 벌금 50만 달러를 납부하고 500 레이디얼 타이어 1,450만 개를 리콜해야 했다.

사이드월
타이어의 접지면(트레드)과 휠 테두리 사이 부분

시간을 거슬러

파이어스톤 500 레이디얼 타이어 리콜은 보기 드문 사건이었다. 하버드 비즈니스 스쿨을 비롯한 여러 대학의 경영학 전공자들은 기업의 위기 관리법을 다룰 때 이 사례를 활용한다.

파이어스톤의 첫 번째 오판은 경솔하게 바이어스 플라이 타이어용 설비를 일부 개조해 레이디얼 타이어 생산에 뛰어든 것이라 할 수 있다. 파이어스톤은 1971년 초부터 레이디얼을 생산하기 시작했지만 품질이 떨어졌고 생산 라인 직원들도 개조된 설비에 익숙하지 않은 상태였다.

1972년 이 회사는 타이어의 내외부 접착에 문제가 있음을 인지했다. 사고 보고서가 무수히 작성됐지만 제대로 실험을 거치지도 않은 듯한 이 타이어의 생산을 강행했다. 타이어 품질에 대한 비판과 미국인을 실험용 쥐로 활용한다는 비난 여론은 무시하거나 폄하했다. 동시에 신속하고 조용하게 소송을 무마하려 노력했다.

접착제
물체와 물체, 자재와 자재를 한데 고정시키는 물질

몇 년 동안 이런 상황이 지속됐다. 그러다 1978년 미 하원이 파이어스톤 500 레이디얼 타이어의 대량 리콜을 요구하면서 결국 곪은 자리가 터지게 됐다.

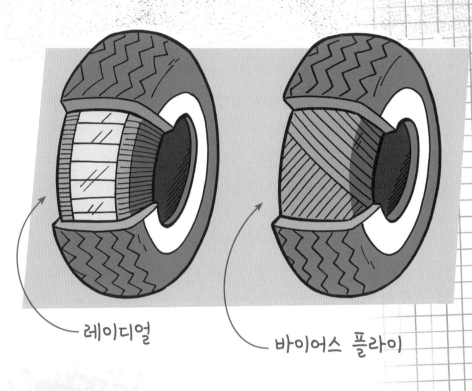

레이디얼

바이어스 플라이

레이디얼 타이어란?

현대식 타이어의 타이어코드는 강도를 높이기 위해 그물망처럼 얽혀 있다. 이를 플라이라고 부른다. 구형 타이어는 두 겹의 플라이(한 겹이 나머지 한 겹의 안쪽에 있다)가 타이어의 진행 방향에 대각선으로 배치돼 X 자 형태를 띤다. 이것이 바이어스 플라이다. 레이디얼 타이어의 플라이는 타이어 진행 방향에 수직으로 배치된다. 마치 바퀴의 중앙에서 방사선 모양으로 뻗어 나온 것처럼 보인다. 이런 플라이 배열은 유연성을 높여준다. 또 레이디얼 타이어는 접지면을 강화하기 위해 단단한 철제 벨트를 둘렀다. 파이어스톤 타이어는 플라이의 고무 부분과 구리도금 강선 부분을 밀착시키는 접착제 불량이 문제였다.

녹의 작용

파이어스톤 500 레이디얼 타이어의 접착 불량은 타이어 내부와 외부 사이에 틈새를 만들었다. 물이 스며들 수 있었고, 이는 타이어를 지탱해주는 철제 부위에 문제를 일으켰다. 물과 공기가 철 같은 물질을 만나면 산화라는 화학 반응을 일으킨다. 녹이 스는 것이다. 그러면 이 실험에서 보듯이 쇠가 약해진다. 이 실험에는 쇠수세미가 필요한데, 슈퍼마켓에서 설거지용으로 파는 쇠수세미는 대부분 녹슬지 않도록 화학 처리가 돼 있다. 따라서 철물점에서 파는 쇠수세미를 이용하도록 하자. 가장 매끄러운 수세미를 골라야 녹이 빨리 슨다.

준비물

▶ 쇠수세미 두 개
▶ 뚜껑이 있고 주둥이가 넓은 유리병(재활용 쓰레기로 버려도 될 만한 것)
▶ 백식초
▶ 고무장갑
▶ 종이타월
▶ 흰 종이

방법

1 쇠수세미 하나를 유리병에 넣고 백식초를 부은 다음 뚜껑을 닫는다. 그대로 하룻밤 동안 놓아둔다.

2 다음 날 고무장갑을 끼고 뚜껑을 열어 병 안의 액체를 하수구에 버린 뒤 조심스럽게 쇠수세미를 꺼낸다.

3 종이타월로 쇠수세미를 감싸서 물기가 마를 때까지 20분 동안 놓아둔다.

4 따로 준비한 흰 종이를 테이블에 올려놓는다.

5 병에 넣지 않았던 쇠수세미를 잡고 종이 위로 가져간다.

계속

6 쇠수세미를 몇 번 턴 뒤 밑에 있는 종이를 관찰한다. 떨어진 부스러기가 별로 없을 것이다.

7 고무장갑을 끼고 병에 넣었다가 말린 쇠수세미를 쥐고서 6단계를 반복한다. 부스러기가 많이 떨어져 있을 것이다.

공학 원리

방금 한 번에 두 가지 실험을 했다. 먼저 쇠가 녹이 슬게 했다. 그냥 물에 담가둬도 되었겠지만 식초가 촉매제 역할을 해서 더 빨리 녹이 슬었다. 부식은 금속이 분해되거나 작은 조각들이 떨어져 나가는 과정이어서 금속을 약해지게 한다(나무에 박혀 있다가 녹이 슬면 떨어져 나오는 못을 생각해보라). 파이어스톤 500 레이디얼 타이어의 금속 밴드도 부식으로 약해져서 결국 제 기능을 못하게 된 것이다.

원심력과 구심력

자동차 바퀴의 끊임없는 회전은 타이어에 많은 스트레스를 준다. 회전하는 내내 서로 상충되는 원심력과 구심력이 동시에 작용한다. 타이어 내부와 외부의 두 층을 접착제로 붙여서 원심력과 구심력의 균형을 유지하는데, 계속되는 스트레스로 접착력이 약해지면 차량과 운전자, 승객들에게 치명적인 결과를 초래할 수 있다. 이 실험은 회전하는 모든 물체에 작용하는 힘을 보여준다. 타이어의 접착력이 약해지면 어떤 상황으로 이어지는지 가늠할 수 있다.

준비물

▶ 실험을 지켜보고 퀴즈에 참여할 친구들
▶ 나무 손잡이가 달린 줄넘기 줄

주의!

이 실험은 넓은 공간이 필요하다. 공원이나 넓은 마당에서 진행하도록 한다.

방법

1 친구들이 안전한 거리에 서로 떨어져 서 있는다.

2 친구들을 바라보고 서서 줄넘기 손잡이 하나를 손에 쥔다. 다른 손으로 손잡이에서 45센티미터쯤 떨어진 부위의 줄을 잡는다. 줄넘기의 나머지 부분은 그냥 늘어뜨려 놓는데, 반대쪽 손잡이가 땅에 닿지 않게 한다.

3 줄을 잡고 있는 손을 위 아래로 빨리 움직여 늘어뜨린 줄넘기가 수직 방향으로 원을 그리며 돌게 한다.

계속

4 친구들에게 돌고 있는 손잡이가 원의 꼭대기에 왔을 때 줄을 놓으면 무슨 일이 벌어질 것 같은지 묻는다. (대부분은 손잡이가 위로 올라갈 것이라 답한다.)

5 계속 돌리다가 손잡이가 꼭대기에 이르렀을 때 줄을 놓는다. 손잡이는 위로 향하는 대신 옆으로 움직일 것이다.

회전하는 물체에 작용하는 힘과 관련해서 대부분의 사람들은 정반대로 생각한다. 원심력이라 불리는 힘은 원의 중심에서 바깥쪽을 향해 일직선으로 작용하기 때문에 회전하는 물체도 똑같이 움직이리라 믿는다. 그러나 이 실험은 그렇지 않다는 사실을 보여줬다. 회전 물체는 직선으로 운동하려 하지만 원의 중심과 일직선이 되지는 못한다. 이는 회전 운동에 작용하는 또 다른 힘인 구심력이 물체를 계속해서 원의 중심을 향해 끌어당기기 때문이다. 만약 구심력이 줄어들거나 사라지면 물체는 운동하던 방향으로 날아가게 될 것이다. 인공위성도 지구의 중력이 구심력을 제공하기 때문에 우주로 날아가지 않고 지구 둘레를 돌 수 있다. 줄넘기 줄을 잡고 있던 손과 타이어의 접착제도 같은 역할을 한다. 이 실험에서는 줄을 잡고 있다가 놓음으로써 구심력을 없앴다. 파이어스톤 500 레이디얼 타이어의 구심력도 접착력이 약해지면서 줄어들었다. 그러자 타이어의 접지면이 원심력에 의해 떨어져 나갔고 결국 사고로 이어졌다.

제14장

아차,
호수가 사라졌네

루이지애나 주 페뇌르 호수는 그야말로 그림 같은 풍광을 자랑한다. 호숫가를 따라 늘어선 호두나무와 참나무가 산들바람에 바스락거리던 어느 날, 리언스 비아터와 조카는 메기 낚시를 하다가 배가 움직이는 것을 느꼈다.

놀란 두 낚시꾼이 공포에 질려 살펴보니 빠른 속도로 커지고 있는 소용돌이를 향해 배가 끌려가고 있었다. 순식간에 벌어진 일이었다. 배는 회오리 치는 물살을 따라 원을 그리며 돌았다. 다른 바지선 두 척이 소용돌이 속으로 자취를 감췄을 무렵 리언스는 간신히 수면 위로 삐죽 올라와 있는 나무에 밧줄을 던져 배를 고정시켰다.

잠시 후 나무 밑동 쪽으로 물이 빠지고 호수 바닥이 드러났다. 낚시꾼들은 허둥지둥 호숫가로 달려 나와 뒤를 돌아봤다. 이미 배와 통나무, 나무, 심지어 작은 섬까지 그 소용돌이 안으로 빨려 들어가버린 뒤였다. 이 괴이한 사건은 세계에서 가장 기이한 공학 참사 중 하나로 남았다.

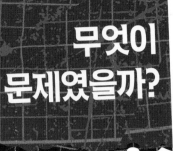

무엇이 문제였을까?

페뇌르 호수는 석유와 소금 등 지하자원이 풍부한 미국 남부 루이지애나에 있다. 1980년 11월 20일 정유회사 텍사코(미국의 석유화학 회사명-옮긴이)는 호수 밑에 원유가 매장돼 있는지 파악하기 위해 수심이 얕은 곳에서 시추 작업을 시작했다. 지름 35센티미터 드릴이 호수 바닥을 뚫고 내려가다가 지하 374미터 지점에서 박혀버렸다. 꼼짝도 하지 않아 다시 뺄 수도 없었다.

시추 요원들이 당황하고 있을 때였다. 갑자기 드릴이 기울면서 수면 아래로 가라앉기 시작했다. 몇 초 뒤 500만 달러짜리 굴착장비가 드릴을 따라 통째로 가라앉았다. 시추 요원들은 기적적으로 대피할 수 있었지만 그들은 호숫가에서 구경꾼들과 함께 호수의 풍경이 눈앞에서 몽땅 바뀌는 장면을 지켜봐야 했다. 배와 부두, 귀한 아열대 나무 등이 모두 거대한 소용돌이 안으로 빨려 들어갔다. 몇 시간 만에 호수의 물이 완전히 빠졌고, 며칠 뒤 다시 차올랐는데 소금물이 돼 있었다. 왜 이런 기이한 일이 벌어졌을까? 과연 공학적 실수로 132억 리터나 되는 물이 사라져버릴 수 있을까?

가능하다. 텍사코 공학자들은 삼각측량을 통해 시추지점을 정하면서 잘못된 데이터를 사용했다. 그 결과 목표로 했던 곳에서 122미터 벗어난 지점을 뚫었다. 단단한 암석을 관통해 원유 매장

삼각측량

직선상에 있는 두 지점과의 각도를 토대로 특정 지점의 위치를 파악하는 기법

층을 찾아가는 대신 호수 밑의 암염갱(소금광산)을 향해 곧장 내려갔다. 호수의 물은 드릴 구멍을 따라 동굴 같은 암염갱으로 급속히 빨려 들어갔다. 그 물이 갱 안의 소금을 녹여 구멍은 계속 커졌고, 물살은 갈수

해수 호수의 탄생

페뇌르 호수의 면적은 3.2제곱킬로미터였지만 깊이는 3미터밖에 되지 않았다. 그렇게 얕은 물속으로 거대한 굴착장비가 사라져버리니 시추원들이 당황할 수밖에 없었다. 호수 밑 암염갱은 소금기둥들이 지탱하고 있는 거대한 동굴이었다. 이 기둥들이 물에 녹아버리자 동굴이 무너지면서 넓어진 드릴 구멍을 통해 공기가 분출하듯 밀려나왔고, 잠시 120미터짜리 간헐천(아래에서 위로 밀어 올리는 압력에 의해 형성되는 물기둥)이 만들어졌다가 사라졌다. 이후 페뇌르 호수의 물이 빠지자 인접한 운하(호수와 수위가 같았다)에서 호수로 물이 밀려들었다. 그 물살이 너무 강해서 멕시코만의 바닷물을 끌고 들어와 페뇌르 호수를 해수 호수로 만들어놓았다.

록 빨라졌으며, 소용돌이는 더욱 거세어졌다. 호수에 있던 시추 요원들처럼 암염갱에 있던 광부 50명도 목숨을 건 탈출을 해야 했다.

시간을 거슬러

텍사코 경영진은 이 호수 밑에 암염갱이 있으며 그곳으로 굴착할 경우 어떤 일이 벌어질지 잘 알고 있었다. 이 지역은 원유가 묻혀 있는 '오일 포켓'이 많고, 유정은 주로 호수 부근에 형성돼 있었다. 소금 회사 다이아몬드 크리스털 솔트 컴퍼니도 채굴 중인 암염갱의 위치를 이 일대 정유회사들에 통보하지 않았을 리 없다. 통보 과정에서 혼선이 빚어졌던 것이다.

이 사고에서 모든 설비와 기록이 유실된 터라 누가 결정적인 실수를 저질렀는지 가려내기는 쉽지 않았다. 하지만 가장 분명한 실수는 삼각측량의 오류였다. 훌륭한 공학자와 측량사라면 손바닥 손금처럼 훤히 꿰뚫고 있었어야 할 문제에서 실수가 빚어진 것이다. 두 점만 정확히 알아도 세 번째 점은 간단히 찾을 수 있다. 삼각형을 떠올려보면 어떤 원리인지 쉽게 이해될 것이다. 수학적 지식과 제대로 된 장비만 있다면 세 번째 점을 정확히 찾아낼 수 있다. 그런데 1980년 11월 이 계산 과정이 뒤죽박죽이 되었음이 분명하다. 시추 요원들은 굴착해야 할 곳에서 122미터나 떨어진 지점, 암염갱 바로 위에 구멍을 뚫었다!

호수를 가득 채우고 있던 물 전체와 주변 물체들이 한꺼번에 쓸려 내려가버릴 줄 누가 짐작이나 했을까? 소용돌이의 힘은 그만큼 어마어마하다.

욕조의 물을 내려 보낼 때 비슷한 현상이 나타난다. 배수구에 가까워질수록 물은 흐름과 회전 속도가 빨라진다. 페뇌르 호수의 물이 암염갱으로 흘러내려갈 때도 똑같은 상황이 벌어졌다. 토네이도 같은 규모와 힘으로 깔때기처럼 물과 주변 물체를 빨아들인 것이다.

증거가 없다고?

1980년 11월 20일 불과 몇 시간 사이 벌어진 사건은 모두의 기억에 선명하게 남아 있다. 바닥이 드러난 호수, 사라진 바지선(일부는 물이 다시 차올랐을 때 함께 떠올랐다), 물기둥, 흐름이 바뀌어버린 운하. 하지만 잘못된 굴착이전에 어떤 상황이 벌어지고 있었는지는 대부분 관련자 증언에 의존할 수밖에 없었다. 책임 소재를 가려줄 실질적인 측량 과정과 계산 기록은 굴착장비와 함께 쓸려 내려갔다.

무시무시한 소용돌이

호수의 물이 드릴로 뚫린 구멍을 통해 빠져나간 상황은 여기서 병의 주둥이와 연결된 구멍으로 물이 밀려나가는 현상과 같은 이유에서 비롯됐다. 이제 소용돌이(과학자들은 와류라 부른다)를 직접 경험해보자. 이번 실험에서는 칼 사용에 특히 주의하자.

준비물

▶ 뚜껑이 있는 빈 페트병 두 개 (똑같이 생긴 병을 준비하자. 병은 클수록 좋다)
▶ 날카로운 칼
▶ 전기용 테이프
▶ 물
▶ 식품 착색제(선택사항)

방법

1 음료수 병 겉에 붙은 상표를 모두 떼어낸다.

2 뚜껑을 열어 분리하고, 뚜껑마다 칼로 지름 2.5센티미터 구멍을 낸다. 다치지 않게 조심하자.

3 두 뚜껑을 밀착시켜 테이프로 감는다. 이때 구멍을 낸 면이 서로 맞닿게 한다. 테이프를 충분히 사용하도록 한다(네 겹 정도 감아야 좋다).

4 음료수 병 하나에 3분의 2 정도 물을 채운다(원한다면 식품 착색제를 몇 방울 넣는다).

계속

5 맞닿은 두 뚜껑 중 한쪽을 물 채운 병에 돌려 닫고, 반대쪽 뚜껑에는 빈 병을 끼운다(물이 찬 병이 아래로, 빈 병이 위로 가게 세운다).

6 이제 빈 병이 아래로, 물 채운 병이 위로 가게 뒤집는다. 물이 쏴 하는 소리를 내며 불규칙하게 빈 병 쪽으로 빠져나가기 시작할 것이다. 혹은 물이 아래쪽으로 잘 이동하지 않을 수도 있다(아래쪽 병이 쓰러지지 않도록 붙잡고 있어야 할 수도 있다).

7 아래쪽 병을 손으로 들고 소용돌이 운동을 시키듯 한쪽 방향으로 돌려 흔든다.

8 다시 물이 차 있는 쪽이 위로 가게 해서 다시 조심스럽게 내려놓으면 멋진 소용돌이와 함께 빠르게 물이 빠져나가는 모습을 보게 될 것이다.

공학 원리

처음에 병 안의 물이 별로 움직이지 않은 이유는 표면장력(위쪽 병의 입구에서 발생)과 공기 압력(아래쪽 병에서 발생)이 함께 작용했기 때문이었다. 하지만 병을 흔들어주면 물이 회전하면서 그 중앙에 구멍이 생긴다. 이 구멍을 통해 아래쪽 병의 공기가 위쪽 병으로 이동하며, 그로 인해 빈 공간을 물이 회전하며 흘러내려 채우게 된다. 물의 회전 속도는 병의 좁은 입구 쪽으로 갈수록 빨라지는데, 이는 욕조의 물을 하수구로 내려보낼 때나 피겨 스케이팅 선수가 제자리에서 회전하며 양 팔을 몸에 밀착시킬 때 나타나는 현상과 같다. 이렇게 아래로 향하는 원운동을 와류라고 부른다. 페뇌르 호수의 와류는 호수의 물을 모두 사라지게 할 만큼 강력했다.

제15장

1985년
영국

싱클레어 C5

영국에서 클라이브 싱클레어 경의 명성은 그야말로 드높았다. 1980년대 초, 그를 모르는 영국 사람은 없었다. 발명가, 사업가, 선구자 그리고 천재라는 수식어가 그를 따라다녔다. 기술의 최첨단에는 항상 싱클레어가 있었다. 초창기 휴대용 전자계산기와 가정용 컴퓨터 중 일부 제품이 그의 손에서 탄생한 바 있었다.

1985년 1월 싱클레어는 도시 주행에 최적화된 1인승 전기자동차 싱클레어 C5를 개발해 시장에 내놨다. 수많은 기자와 TV 카메라가 마침내 베일을 벗는 싱클레어의 전기차를 보려고 몰려들었다. 하지만 겨울에 이 차를 내놓은 것이 패착이었다. C5 차량이 눈길과 빙판에 미끄러지거나 작은 크기 탓에 정체된 도로에서 트럭 등에 가려 보이지도 않자 사람들은 그를 비웃었다. C5 판매는 저조했다. 매끄럽지 않은 운전대, 부족한 동력, 어둠침침한 전조등, 그리고 마주 오는 차량의 불빛이 운전자의 시야를 방해하는 현상 등에 대한 불만이 쏟아졌다.

1985년 10월, 결국 C5 생산업체는 문을 닫았다. 비운의 천재는 마침내 처참한 실패를 맛봐야 했다. 어쩌다 이 지경이 되었을까? 전기차의 미래가 결국 막다른 길임을 알리는 전조였을까?

1980년대 들어 재활용, 에너지 절약, 환경 보호 등에 대한 관심이 증가하기 시작했다. 연료 부족과 유가 폭등 사태를 초래한 1970년대 오일쇼크의 여파였다. 연료비가 거의 들지 않고 오염 물질도 배출하지 않는 전기자동차는 당시 상황에 걸맞은 발명품이었다. 더욱이 C5의 개발자는 기발한 전자제품을 다수 발명해 자수성가한 명망 높은 클라이브 싱클레어 경이었다.

1980년대 초 싱클레어는 바퀴 세 개짜리 전기자동차를 설계했다. 배터리가 동력원인 이 차는 언덕을 오를 때 페달을 밟아야 했다. 차체는

아주 낮아서 폭과 높이가 각각 76센티미터, 길이는 2미터였다. 전조등과 후미등, 작은 트렁크도 있었다. 완전히 충전하는 데만 여덟 시간이 걸리는 배터리로 평지에서 낼 수 있는 최고 속도는 시속 25킬로미터였다. 배터리를 포함한 총 중량은 45킬로그램에 불과했다.

싱클레어 C5는 가까운 슈퍼마켓에 들러 장을 보는 용도였다. 적은 비용으로 시내를 돌아다니도록 고안됐다. 하지만 문제가 속출했다. 우선 지붕이 없었다(영국은 어느 지역이든 늘 비가 온다). 차체가 너무 낮아 운전자는 앞차의 배기구에 얼굴을 들이미는 꼴이 되곤 했다. 또 도로에서 트럭 등 대형 차량을 만날 경우 별도로 구매한 특수 막대기를 치켜들어 내 존재를 알려야 했다.

또한 언덕을 오를 때 페달을 밟아야 한다는 사실에 사람들은 질색을 했다. 특히 이 차는 기어가 하나뿐이었다. 자전거를 탈 때 기어를 가장 높은 단계에 맞춰놓고, 45킬로그램에 달하는 짐을 싣고 페달을 밟으며 언덕을 올라야 한다고 생각해보라! 회전반경이 너무 크고 후진 기어가 없다는 사실도 걸림돌이었다. 고객들은 배터리에도 불만을 터뜨렸다. 한 번 충전에 32킬로미터를 간다고 했는데 추운 날에는 그 절반도 못 가서 멈춰 서곤 했다.

첫 번째 겨울이 채 끝나기도 전에 싱클레어 C5의 미래에 먹구름을 드리우는 징후가 나타났다. 클라이브 싱클레어의 명성에 금이 가면서 이미 생산된 1만 4,000

회전반경

자동차가 유턴을 하기 위해 필요한 원(더 정확히는 반원)의 지름

대 중 겨우 5,000대만 팔렸다. 결국 1985년 8월 생산이 중단됐고, 싱클레어비히클(C5를 생산하던 기업)은 폐업을 했다.

시간을 거슬러

클라이브 싱클레어 경은 휴대용 전자계산기와 가정용 컴퓨터라는 첨단 제품을 내놓으면서 천재성을 알렸지만, C5에서는 그 천재적 감각을 잃은 듯 보였다. 30여 년이 지난 지금 혹자는 그가 시대를 너무 앞서갔다고 평가한다. 21세기 운전자들은 전기자동차나 하이브리드 자동차를 거부감 없이 선택하고 있다.

이제 친환경 자동차가 절실한 시대가 되었다. C5는 오늘날 하이브리드 자동차가 제공하는 편의성과 안락함을 갖추지 못했을 뿐이었다. 당시 몇 가지 개선작업을 했다면 C5

하이브리드

전기모터와 휘발유엔진을 함께 갖춘 자동차

의 운명이 달라졌을지 모른다. 어떤 형태든 운전자를 비바람으로부터 보호할 지붕이나 덮개가 필요했다. 이를 갖췄다면 운전자가 앞차의 배기가스를 들이마시지 않아도 됐을 것이다. 또 언덕길을 더 쉽게 오를 수 있도록 자전거처럼 여러 단계의 기어를 갖췄어야 했다. 눈에 잘 띄도록 해주는 막대기도 선택 사양이 아니라 모든 차량에 장착되는 기본 사양이어야 했다. 이 차가 출시됐을 때 잠재적 구매자들이 망설인 가장 큰 이유는 다른 차 운전자들이 내 차의 존재를 알아채지 못할 수 있

다는 우려였다. 싱클레어 C5는 회전반경을 줄였다면 훨씬 좋은 제품이 됐을 것이다. 또한 후진 기어를 달았다면 운전이 더 수월했을 것이다. 현대 전기자동차의 가장 중요한 변화는 배터리 성능의 향상이었다. 지난 몇 십 년간 배터리는 더 작아지고 더 강력해졌다. 현대식 배터리는 C5 배터리

에 비해 무게는 절반이고 힘은 두 배 이상 발휘한다. 또 주행거리도 훨씬 길다. 오늘날 친환경 전기자동차나 하이브리드 자동차는 성공적으로 시장을 점유했다. 제조업자들은 늘 실패를 통해 배운다. 싱클레어의 실패가 이런 성공에 밑거름이 됐음은 분명하다. C5가 구현했던 성능을 크게 향상시킨 여러 가지 조치는 장기적으로 지구의 건강에 큰 도움이 될 것이다.

불행 중 다행?

1985년 싱클레어 C5를 구매한 뒤 30년 동안 차고에 처박아뒀던 사람들 중 일부는 횡재를 했다. 미국 자동차 판매상들이 엣셀(1950년대 미국 자동차업체 포드가 내놓았던 실패작)을 찾아다니듯, 수집가들이 실패한 C5에 큰 관심을 보였던 것이다. 지금도 상태가 좋은 C5 중고차는 정가보다 세 배 이상 비싼 값에 거래된다.

회전 반경

회전 반경이 뭐 그리 대수냐고 할지 모르겠다. 회전 반경은 비좁은 주차 공간에 차를 집어넣을 때 중요한 조건이 될 뿐 아니라, 좁은 도로에 들어섰을 때 유턴을 할 수 있을지 혹은 후진으로 나가야 할지를 결정하는 요소가 된다. 싱클레어 C5는 꽤 무거웠고 후진 기어가 없었다. 여기서는 최대한 다양한 자전거를 모아 직접 회전 반경을 체험해보자.

준비물

- ▶ 트럼프 카드 또는 비슷한 크기의 카드
- ▶ 자전거를 탈 줄 아는 친구들
- ▶ 바퀴 크기가 각기 다른 자전거(가능한 한 많이)
- ▶ 물을 가득 채운 물통
- ▶ 줄자

주의!

이 실험은 널찍한 공간이 필요하다. 안전한 주차장이나 자전거를 탈 수 있는 공원을 찾아보자.

1 땅바닥에 그려질 원의 지름을 측정해야 한다. 원의 중심이 될 지점에 카드를 내려놓는다.

2 자전거 바퀴가 지나간 자국이 땅에 표시되도록 친구들에게 각각 차례가 되기 직전 바퀴에 물을 뿌려달라고 한다.

3 친구들에게 자전거를 타고 천천히 카드를 향해 가서 시계방향으로 유턴을 하라고 한다. 가장 좁은 회전 반경을 그려낸 사람이 이기는 경기다.

4 땅에 발을 딛는 사람은 탈락시킨다.

5 육안으로 판가름하기 어려울 경우 줄자를 이용해 회전 반경을 측정한다.

6 승자가 결정되면 왜 그런 결과가 나왔는지 토론해본다. 바퀴 크기와 회전 반경 사이에 어떤 법칙이 존재하는가?

이 시합을 통해 회전 반경이 무엇인지 직접 체험해볼 수 있었을 것이다. 싱클레어 C5를 몰다가 막다른 길에 막혀 다시 큰길로 나가야 하는 상황이 되었다고 가정해보자. 회전 반경을 맞추려면 C5 바퀴를 어떻게 만들어야 했을까?

배터리와 동력

이 실험에서는 장난감 수레를 직접 만들게 된다. 동력은 헤어드라이어의 바람이다. 다양한 형태와 크기의 돛을 사용하고 다양한 경사면과 평면을 활용해 수레에 공급하는 동력이 얼마나 효과적으로 작용하는지 살펴볼 것이다. 수레에 최대한 일정한 힘을 공급하기에 가장 적합한 방식을 찾아보자. 싱클레어 C5의 장애물 중 하나는 경사였다. 배터리는 언덕을 올라갈 만큼 충분한 힘을 제공하지 못했고, 그럴 때마다 운전자가 직접 페달을 밟아야 하는 상황은 치명적인 단점이었다. 배터리가 더 강력하고 효율적이었다면 운명이 달라졌을 수도 있다.

준비물

▶ 색인카드 세 장(10x15센티미터)
▶ 투명 테이프
▶ 플라스틱 빨대 세 개
▶ 가운데 구멍이 뚫린 도넛 모양 사탕
▶ 가위
▶ 흰 종이 여러 장
▶ 찰흙
▶ 줄자
▶ 헤어드라이어

방법

1 색인 카드 세 장을 겹쳐서 테이프로 붙인다. 각 면에 1.8센티미터 정도 테이프를 부착해 고정시킨다(장난감 수레를 더 튼튼하게 만들기 위해 세 장을 겹치는 것이다).

2 카드를 바닥에 놓고 좁은 면을 가로질러 빨대를 올려놓는다. 한쪽 끝에서 1.8센티미터 정도 떨어진 곳에 빨대가 놓이게 하고, 카드 양옆에 같은 길이로 빨대가 튀어나오게 한다.

3 빨대에 테이프를 붙여 카드에 고정시킨다.

4 카드 양옆으로 튀어나온 빨대에 사탕을 끼우고 사탕 밖으로 비어져 나온 빨대 부위에 테이프를 감아 사탕이 빠지지 않게 한다. 사탕이 바퀴 역할을 하므로 회전이 가능해야 한다.

5 빨대 양 끝의 테이프가 감기지 않은 부분을 가위로 잘라낸다.

6 카드의 반대쪽 끝에서 2~5단계를 반복한다. 이제 굴러갈 수 있는 수레가 완성됐다.

계속

7 흰 종이를 여러 모양과 크기로 자른다(원, 직사각형, 삼각형, 다이아몬드 등). 잘라낸 종이에 각각 1.8센티미터 길이 홈을 두 개씩 낸다. 홈은 종이의 위쪽 모서리에서 1.8센티미터 떨어진 곳에 하나, 아래쪽 모서리에서 1.8센티미터 떨어진 곳에 하나를 내는데, 가로 방향으로는 종이의 가운데에 위치해야 한다.

8 각각의 종이는 수레의 돛이다. 남은 빨대를 기둥 삼아 종이에 있는 두 홈에 끼우고 종이를 살짝 구부려 곡면이 되게 한다.

9 바퀴 축인 빨대를 피해 수레(색인카드) 위에 찰흙을 작게 떼어 올려놓는다. 카드의 중앙보다 2.5센티미터 정도 앞쪽에 놓이게 한다.

10 돛을 찰흙에 끼워 고정시킨 뒤 단단한 바닥에 수레를 놓는다.

11 줄자를 이용해 수레에서 뒤쪽으로 정확히 76센티미터 지점에 헤어드라이어를 위치시키고 강도를 '약'으로 해서 드라이어를 켠다. 수레가 전진하다 멈추는 지점을 표시한다.

12 다양한 돛을 활용해 10~11단계를 반복하며 수레의 이동거리를 표시한다.

공학 원리

뜨거운 바람을 이용한 재미있는 놀이 같지만 엄연히 과학적인 실험이다. 수레에 제공한 힘은 매번 같은 거리에서 헤어드라이어를 작동했기에 일정하다. 자동차가 엔진이나 C5의 배터리에서 동력을 얻듯, 이 장난감 수레는 헤어드라이어 바람에서 동력을 얻었다. 또한 돛의 모양과 크기를 바꿈으로써 어떻게 해야 수레가 쓰러지지 않고 최대 동력을 공급할 수 있을지를 모색했다. 돛이 클수록 동력의 효과는 한계치를 향해 증가한다. C5 설계자들도 동력 공급을 극대화하기 위해 실험을 거듭했고, 더 크고 더 무거운 배터리를 사용하자는 결론에 이르렀다. 하지만 이를 위해 추가된 자동차의 무게가 그 장점을 무력화시키고 말았다.

제16장

엑슨발데스 호 기름 유출

1 989년 3월 23일 길이 300미터 엑슨발데스 호가 남부 알래스카 발데스 항구를 떠나 캘리포니아 롱비치로 가는 항해를 시작했다. 12년 전 알래스카 횡단 송유관이 개통된 이래 비슷한 유조선들이 이미 같은 항로를 8,700회나 안전하게 운항했다. 그날따라 바다도 잔잔해 문제가 생길 가능성은 전혀 없어 보였다.

그러나 출항 세 시간 만인 자정 무렵 닥쳐온 참사는 충격적이었다. 배가 암초를 만나 좌초하면서 싣고 있던 석유가 모두 쏟아져 나왔다. 가까스로 석유 유출을 멈추었을 때는 이미 4,100만 리터의 석유가 연안의 태평양 바다로 흘러나간 뒤였다. 취약한 해안 생태계를 망가뜨릴 환경적 재앙이었다. 수많은 바다 동물이 목숨을 잃게 됐고, 그 여파는 20세기가 끝날 때까지 계속될 터였다. 왜 이런 일이 벌어졌고, 어떻게 해야 예방할 수 있었을까? 이미 오염된 해안은 다시 아름답게 회복될 수 있을까?

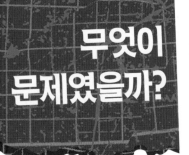

무엇이 문제였을까?

알래스카의 원유는 앵커리지 동쪽 112 킬로미터 지점의 발데스 항구에서 거대한 유조선에 실려 세계 각지의 정유시설로 운반되곤 했다. 1989년 3월 23일 저녁 엑슨 발데스 호는 이곳에서 남쪽으로 3,540킬로미터 떨어진 캘리포니아 롱비치까지 태평양 해안선을 따라 원유를 수송하기 위해 출항을 준비하고 있었다. 이 배는 오후 11시 20분쯤 비좁은 발데스 수로를 안전하게 빠져나왔다. 조 헤이즐우드 선장은 예정된 항로에 떠 있는 빙하를 발견하고 새로운 항로로 방향을 틀었다. 그는 3등 항해사 그레고리 커즌스에게 키를 넘기면서 특정 지점에 이르는 즉시 원래의 항로로 복귀하라고 지시했다. 한데 이 지시는 이행되지 않았고 그 이유는 지금껏 밝혀지지 않았다(헤이즐우드 선장이 출항 전에 술을 마셨다는 보고도 있었다). 엑슨발데스 호는 안전한 항로를 벗어난 채 계속 항해했다. 자정이 막 지났을 때 선원들은 몇 차례 날카로운 소리를 들었고, 배는 곧 멈춰 섰다. 3월 24일 0시 4분, 블라이 리프라는 암초와 충돌한 것이었다. 열한 개 중 여덟 개 선창에 구멍이 뚫려 원유 4,100만 리터가 바다로 흘러 나가기 시작했다. 이 사고는 처참한 결과를 초래했다. 셀 수 없이 많은 물고기가 기름에 뒤덮인 채 죽어 해안으로 밀려왔다. 바닷새 25만 마리와 해달 2,800마리, 바다표범 300마리, 흰머리독수리 247마리, 범고래 22마리도 희생됐다. 즉각 대대적인 기름 제거 작업이 시작됐다. 해안선을 따라 전문가 팀이 여럿 투입돼 다양한 방법으로 기름 제거와 야생동물 구조에 나섰다. 긴 붐과 스키머를 매단 배들이 바다로 나가 수면에 떠 있는 기름

붐

배 두 척의 뒤쪽에 매달아 수면의 기름을 걷어내는 데 쓰이는 U자 형태의 철제 막대

을 수습하려 했지만 악천후와 열악한 장비 탓에 효과는 미미했다. 석유로 뒤덮인 해안의 바위에는 뜨거운 물을 고압 분사했는데, 일부 전문가들은 이런 방법이 오히려 기름을 자연적으로 청소해줄 미생물만 죽이게 된다고 경고했다. 석유 유출의 여파는 거의 30년간 지속됐다. 일부 지역은 지금도 야생동물 개체수가 계속 줄어들고 있다. 엑슨은 기름 제거 비용에 더해 10억 달러에 달하는 벌금과 보상금을 지불해야 했다.

스키머

붐의 곡선 부분에 장착해 체로 걸러내듯 기름을 걷어내는 부유물 제거 장치

시간을 거슬러

1989년 이후 전문가들은 엑슨발데스 호 참사의 재발을 막는 데 주력했다. 그러려면 선박 설계와 기름 제거 기법을 향상시켜야 한다. 이 참사 이전에 같은 항로를 8,700회나 안전하게 운항했다는 점을 감안하면 기존의 운항 규제와 관행은 효과적이었다고 볼 수 있다. 이 때문에 선장과 선원들로 인한 인재였을 수 있다는 시각도 있다. 선장이 술을 마셨나? 선원들의 숙련도가 떨어졌나? 엑슨이 이들을 장시간 근무로 지치게 하지는 않았나? 이와 달리, 인간의 실수가 주된 원인이라 해도 애초부터 석유가 유출되지 않도록 배를 설계했어야 했다고 주장하는 사람들도 있다. 그래서 등장한 해법 중 하나가 이중선체다. 일부 화물선은 화물을 선체에 직접 싣기 때문에 바다와 화물 사이에 선체 한 겹밖에 없는 상태가 된다. 이중선체는 선체 내부에 한 겹을 더 만들고 두 겹의 선체 사이에 공간을 두는 구조다. 이론적으로 화물이 이중의 보호를 받게 되는 것이다. 하지만 추가 선체는 선박의 항해와 안전성에 영향을 미칠 수 있다. 최악의 경우 배가 침몰하게 되면 싣고 있던 석유를 통째로 잃게 되는 것이다. 아주 까다로운 문제다! 그렇다면 기름 제거 기법은 어떻게 향상시킬 수 있을까? 현재 사용되고 있는 방법은 주변 환경의 영향을 많이 받는다. 날씨와 수온, 동원 가능한 인력과 그 일대에 서식하는 동물, 이밖에도 많은 요인을 고려해야 한다. 1989년에 사용됐던 방법 중 일부는 지금도 유용하다. 여건이 허락한다면 수면의 기름을 말 그대로 태워 없앨 수도 있는데, 강풍이 불면 심각한 오염을 부를 수 있

분산제

세제 같은 화학물질로, 작은 기름방울에 달라붙어 물의 흐름에 따라 흩어지게 한다.

다. 화학 분산제는 기름이 해류에 의해 흩어지도록 유도하지만 때때로 분산된 기름방울이 가라앉게 만들어 해저면 생태계를 해치기도 한다. 생물학적 환경정화 방법은 박테리아 같은 미생물을 이용해 오염물질을 분해하거나 먹어 없애게 하는 것이다. 대기 및 수질 오염을 악화시키지 않으면서 재난을 수습하는 방법이 될 수 있다.

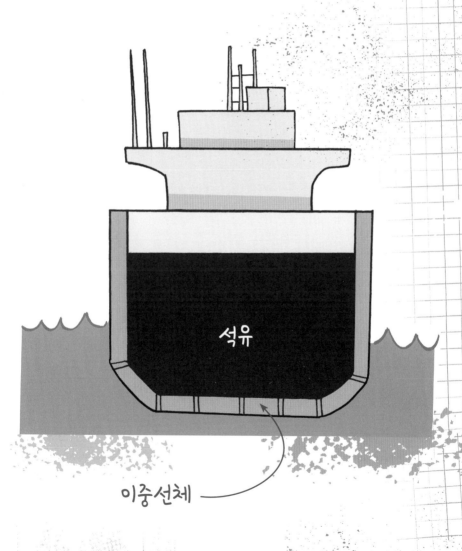

석유

이중선체

이중선체

엑슨발데스 호에는 이중 바닥이 설치됐다. 본 선체 안에 보조 선체가 있었다. 물속 암초에 부딪혀 바닥에 구멍이 뚫리는 상황에 대한 대비였다. 지금도 이중선체의 효용성 논쟁이 끊이지 않는다. 보조 선체를 바닥뿐 아니라 양옆 면까지 올라오도록 만들 필요가 있느냐는 것이다. 이중선체는 한 가지 문제(암초와 빙산의 위험)를 해결해주지만 다른 문제(항해 시 선박의 안정성)를 유발한다. 왜 그런지 이 실험을 통해 간단히 확인해볼 수 있다. 그 결과에 아마 깜짝 놀랄 것이다.

준비물

▶ 싱크대나 양동이
▶ 물
▶ 작은 플라스틱 컵(큰 컵 안에 들어갈 수 있는 크기이면서 차이가 너무 많이 나지는 않아야 한다.)
▶ 손잡이가 없는 플라스틱 컵(240밀리리터 정도)

방법

1 싱크대의 물 내려가는 구멍을 막고 물을 3분의 2쯤 채운다.

2 작은 컵에 물을 담아 큰 컵에 붓는다.

3 물을 채운 싱크대에 큰 컵을 조심스럽게 내려놓고 똑바로 서는지 확인한다. 기울 경우 작은 컵에 물을 반쯤 담아 큰 컵에 더 붓는다.

4 큰 컵을 싱크대에서 꺼내 물을 쏟아낸다.

5 작은 컵에 물을 채워 조심스럽게 큰 컵 안에 넣는다.

계속

6 '이중선체'를 이루게 된 두 컵을 싱크대에 넣고 얼마나 안정적
인지 살펴본다.

공학 원리

대개 '이중선체' 컵이 '단일선체' 컵보다 많이 흔들리고 종종 쓰러지기도 할 것이다. 배는 무게중심이 낮을수록 안정적인데, 두 번째 선체가 무게중심을 높여 안정성을 떨어뜨리기 때문이다. 공학 관련 문제가 늘 그렇듯 장점과 단점이 공존한다. 이중선체는 배에 구멍이 뚫릴 수 있는 상황에서 견고한 보호막이 되어주지만, 항해에는 부정적 요소가 된다.

제17장

파리 공항 붕괴

각국 수도의 공항은 단순히 비행기가 뜨고 내리는 곳이 아니다. 해당 국가의 이미지를 세우는 데도 상당히 기여한다.

파리 외곽의 샤를 드골 공항 설계자들은 프랑스의 오랜 역사와 위대한 예술 작품 및 건축물, 훌륭한 음식문화가 이미 잘 알려져 있다고 생각했다. 그리하여 프랑스의 현대적인 측면을 보여주고자 했고, 2003년 6월 미래주의적 디자인이 돋보이는 터미널 2E가 탄생했다.

유리와 콘크리트를 곡선으로 휘어 만든 구조에는 첨단 기술이 활용됐다. 수많은 여행자들이 우주정거장 같다는 인상을 받았다고 말했다. 파리 공항은 런던과 프랑크푸르트를 누르고 유럽의 관문으로 올라서겠다는 선언을 하는 듯 보였다. 하지만 2004년 5월, 휘어 있던 거대한 콘크리트 판이 터미널 바닥으로 떨어져 네 명이 숨졌다. 무엇이 이런 참사를 불렀을까? 터미널이 무너지면 공항은 어떻게 대처해야 할까?

무엇이 문제였을까?

공항 터미널에서는 비행기의 이착륙 외에도 많은 일이 벌어진다. 그래서 화물 운반 장치, 티켓 카운터, 세관, 상점, 식당, 화장실 등 다양한 시설이 필요하다. 무엇보다 터미널의 핵심 기능은 이동이기 때문에 사람들이 자유롭게 오갈 수 있어야 한다.

공항 설계는 이 모든 요소를 고려해 이뤄져야 한다. 샤를 드골 공항 경영진은 세계적으로 저명한 건축가 폴 앙드뢰에게 이런 요소들을 구현해달라고 주문했다. 그는 1967년부터 샤를 드골 공항의 수석건축가였다. 앙드뢰는 2E를 다른 터미널들과 튜브 형태 통로로 연결시켰다. 또한 전체적으로 넓고 납작한 볼트 구조를 도입했고 콘코스 부분의 천장을 우아한 곡선 형태로 만들었다.

볼트
천장이 아치형인 커다란 방

둥근 천장 안쪽의 휘어 있는 콘크리트에 뚫린 사각형 구멍으로 빛이 쏟아져 들어왔다. 터미널 외부는 내부 콘크리트의 곡선을 따라 역시 곡선형 유리로 덮었다. 하방 압력을 지탱하는 철제 버팀목이 외부 유리와 내부 콘크리트를 연결해주었다.

콘코스
공공건물 내부의 넓은 공간
(중앙 홀)

그리하여 넓게 트인 터미널 바닥에 빛이 쏟아져 내리면서 극적인 분위기를 자아냈다. 지붕을 받치는 기둥이 없이 탁 트인 공간은 빛의 마술과 함께 앙드뢰가 꿈꿨던 미래 지향적 분위기를 연출했다. 둥근 천장은 콘코스 가장자리를 따라 몇 안 되는 낮은 기둥이 지탱해주고 있었다.

터미널 2E가 문을 연 지 1년이 채 안 된 2004년 3월 23일, 둥근 천장에서 30미터 길이의 거대한 콘크리트와 유리판이 떨어져 내려 네 명

이 목숨을 잃었다. 비교적 한산한 일요일 오전 7시에 사고가 발생했기에 망정이지, 공항이 붐비는 시간이었다면 더 많은 사상자가 발생했을 것이다. 프랑스 정부는 즉시 터미널을 폐쇄하고 정밀 조사에 착수했다. 이후 거의 4년 동안 이 터미널을 사용할 수 없었다. 보수 작업에 1억 유로가 들었고, 콘크리트와 유리로 된 둥근 천장은 전통적인 강철과 유리 구조물로 바뀌었다.

시간을 거슬러

공학 기술과 설계 분야에서 끊임없이 거론되는 두 가지 용어는 '형태'와 '기능'이다. 설계는 결국 형태와 기능의 균형 이라는 문제로 귀결된다. 형태는 '얼마나 우 아한가' 또는 '주변과 어울리는가' 등 겉으 로 드러나는 아름다움을 말하고, 기능은 건 축물이 응당 수행해야 할 역할을 말한다. 예를 들어 흉물스럽다는 평 가를 받는 판유리 고층 빌딩도 효율성이 뛰어나다면 기능 면에선 높은 점수를 받을 수 있다.

숙련된 공항 건축가였던 폴 앙드뢰는 터미널의 '기능'에 대해 충분히 숙지하고 있었지만, 터미널 2E를 빛에 휘감긴 탁 트인 공간, 마치 허공 에 떠 있는 듯 보이는 공간으로 설계하려다 너무 큰 대가를 치르게 됐 다. 대가는 붕괴였다. 조사관들은 보고서에서 콘코스 공간에 기둥을 세 워 둥근 천장을 지탱하는 방식의 버팀 장치를 갖췄더라면 훨씬 안전했 을 것이라고 결론지었다. 바닥부터 천장에 이르는 기둥, 즉 위로는 지 붕, 아래로는 지표면에 닿는 버팀목은 '중복 지지대'라고 불리는 대표적 안전 설비다. '중복'이란 말은 '추가적이고 불필요하다'는 의미가 있는 만큼 설계자들이 사용하는 용어로는 좀 어색하다. 만일의 경우에 대비 한다는 뜻에서 '예비 지지대' 또는 '2차 지지대' 등의 표현이 적절할 것 이다. 그래야 '영원히 사용되지 않을 수도 있지만 만약 기둥이 무너진 다면 생명을 지켜주는 시설'이란 의미가 잘 전달된다.

터미널 2E는 일종의 연쇄반응을 통해 붕괴했다. 조사 보고서에 따르 면 외부 유리판과 내부 콘크리트를 이어주던 금속이 급격한 온도 변화 에 따라 수축과 팽창을 반복했고, 이 과정에서 내구력이 약해진 콘크리 트가 떨어져 나간 것이었다.

타산지석

덜레스 코리도 메트로레일 프로젝트는 버지니아, 메릴랜드, 워싱턴 D.C. 내 여러 지역을 철도로 연결하는 야심찬 프로젝트다. 초기 설계에서는 타이슨즈 코너 역에 터미널 2E와 비슷한 볼트를 설치하려 했다. 하지만 터미널 2E 붕괴 사고 이후 설계가 바뀌었고, 둥근 천장 대신에 견고하고 기능에 충실한 콘크리트 기둥들이 들어섰다.

금속의 확장

프랑스 조사관들은 공항이 무너지기 전 며칠간 날씨가 매우 변덕스러웠다는 데에 주목했다. 특히 기온이 요요처럼 4도까지 내려갔다가 21도까지 치솟곤 했다. 이런 가열과 냉각은 철제 버팀대의 팽창과 수축을 초래했고, 이는 내부 콘크리트판과의 연결을 약화시켰다. 아주 간단한 실험으로 이런 현상을 재현할 수 있다. 이 실험 결과로 세상의 어떤 병뚜껑도 열 수 있는 초능력을 얻게 될 것이다!

준비물

▶ 돌려서 여는 철제 뚜껑이 달린 똑같은 빈 유리병 두 개
▶ 싱크대
▶ 흐르는 찬 물
▶ 흐르는 뜨거운 물

방법

1 유리병 뚜껑을 있는 힘껏 꽉 닫는다.

2 유리병 하나를 싱크대에 넣고 수도꼭지를 틀어 30초 동안 흐르는 찬물 아래 놓아둔다. 그러고 나서 뚜껑을 열어본다. (여전히 있는 힘을 다 해야 열 수 있거나 싱크대에 넣기 전보다 더 열기 어려울 것이다.)

3 다른 유리병을 싱크대에 넣고 이번엔 30초 동안 흐르는 뜨거운 물 아래 놓아 둔다. 뜨거운 물이 튀지 않게 조심한다.

4 이제 두 번째 유리병 뚜껑을 열어보라. 쉽게 열릴 것이다.

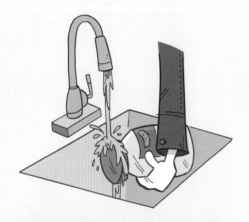

공학 원리

터미널 2E의 철제 버팀목을 포함해 세상의 모든 사물과 마찬가지로 두 병의 철제 뚜껑과 유리도 원자로 구성돼 있다. 원자는 가열하면 더 활발하게 움직인다. 그 움직임을 통해 원자와 원자 사이에 더 많은 공간이 생겨 금속도 조금 팽창하게 된다. 유리병의 철제 뚜껑도 같은 원리로 조금 더 커진 것이다. 차가워지면 이와 반대 현상이 나타난다. 유리나 터미널 2E의 콘크리트 같은 물질은 그렇게 많이 팽창하지 않는다. 유리는 그대로 있는데 뚜껑이 커졌으니 헐거워질 수밖에 없다.

제18장

칠레 광산에
매몰된 광부들

2010년 세계는 69일간 숨을 죽이고 칠레의 외진 광산에서 전해오는 이야기에 귀를 기울였다. 신문기자들, 위성 텔레비전 중계팀, 노트북 컴퓨터와 스마트폰을 든 블로거들은 황량한 아타카마 사막과 전혀 어울리지 않았다. 이 오지에서 대체 어떤 사건이 벌어졌던 것일까?

사건은 발밑에서 벌어지고 있었다. 광부 서른세 명(서른두 명은 칠레인, 한 명은 볼리비아인이었다)이 그곳에 매몰됐다. 광부들과 바깥 세상 사이를 800미터에 달하는 암반이 가로막고 있었다. 암반 밑에서 무너진 산호세 금동광산 갱도가 매몰 당시 광부들이 작업하고 있던 곳이었다.

붕괴 현장에서 살아남은 광부들이 가까스로 지상에 이를 알리기는 했지만, 과연 어떻게 해야 그들의 위치를 찾아낼 수 있을까? 현장에 모인 취재진은 비극을 보도하기 위해 준비하고 있었을까? 아니면 세계 각지에서 그랬듯 기적을 간절히 바라고 있었을까?

2010년 8월 5일 이른 시간에 칠레 코 피아포 인근의 산호세 광산에서 교대 근무조 광부들이 작업을 시작했다. 야근 근무조원 중 일부는 그들에게 밤새 산이 "울었다"(멀리서 뭔가 무너지는 듯한 소리가 계속 울려 퍼졌다는 뜻)고 알려주면서 지금은 괜찮아진 듯하다고 말했다. 광부들은 계속 덤프트럭을 채웠고, 트럭들은 나선형의 길을 따라 지상으로 올라갔다. 오후 2시, 엄청난 폭발음에 이어 그을음과 먼지가 터널을 가득 메웠다. 광산의 일부가 붕괴하면서 잔해가 갱도 출입구 쪽으로 밀려나와 통로를 막아버린 것이다.

광부 서른세 명이 지하 700미터 지점에 고립됐다. 이들은 숨 막히는 먼지로 가득한 터널을 헤치고 대피소라 불리는 안전지대까지 겨우 이동했다. 무거운 철문과 환풍구가 있는 특별한 방이었다. 비상식량과 물은 어느 정도 갖춰져 있었지만 바깥 세상에 자신들의 생존을 알릴 방법이 없었다.

한편 구조대는 지상에서 갱도로 구멍을 뚫기 시작했다. 생존자가 있는지 확인하기 위해 구멍으로 음향 채집 장비를 내려 보냈다. 붕괴 17일 뒤인 8월 22일 구멍으로 내려보냈던 장비를 회수했더니 "우리 서른세 명은 모두 대피소에 있다"고 적힌 메모가 붙어 있었다.

지상에선 환호가 터져 나왔고 광부들이 처한 역경은 곧 국제적 뉴스가 됐다. 더 많은 음식과 메모가 비상 환풍구를 통해 오갔지만, 이들을 밖으로 꺼내기는 쉽지 않아 보였다. 지상과 대피소를 잇는 구멍은 지름이 겨우 10센티미터 안팎이었다.

그러나 이들은 붕괴 69일 만에 극적으로 구조되며 지하에서 최장기간 생존한 기록을 세웠다. 국제적 협조와 정밀한 계산이 동원된 공학 기술에 행운이 더해져 구조작업에 성공할 수 있었다.

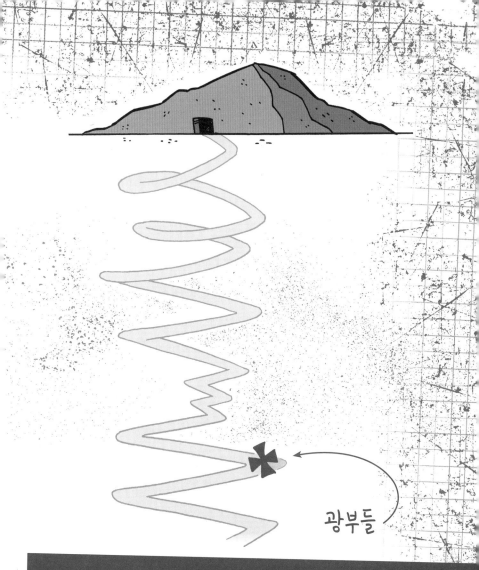

광부들

산호세 광산

산호세 광산은 1889년부터 구리와 금을 캐던 곳이다. 오랜 역사만큼 곡괭이
와 삽부터 폭약과 컨베이어벨트까지 다양한 채굴 기법이 적용됐다. 광부들을
태운 트럭과 차량은 램프라고 불리는 6.4킬로미터 나선형 중앙갱도를 오르
내린다. 램프 좌우에는 채굴 갱도로 이어지는 통로들이 있다. 가장 깊은 채굴
갱도는 지하 760미터까지 내려간다.

시간을 거슬러

심부 채광은 위험한 작업이다. 광부들은 더 이상의 작업은 위험하다는 판단이 들거나 또는 더 깊이 파더라도 이 이상 좋은 품질의 광석을 기대하기 어렵다는 판단이 들 때까지 장비를 이용해 채굴을 계속한다.

그러다 한계에 다다르면 해당 갱도를 버리고 새로운 채굴 갱도를 더 깊이 판다. 그러니 위험이 가중될 수밖에 없다. 더 깊은 갱도로 내려가는 것도 위험하지만 버리고 온 갱도가 뒤통수를 치기도 한다. 지지대를 충분히 구축해놓지 않을 경우 갱도가 무너져 흙먼지를 터널 안에 쏟아내고 환풍구와 출입구를 막아 광부들을 고립시킨다.

광석
귀한 금속을 함유하고 있는 암석

때로는 강도가 다른 광석들이 섞여 있는 암석층 자체가 불안정해지기도 한다. 굴착 작업과 채광 차량의 진동이 그 불안정성을 가중시킬 수 있다. 더욱이 칠레는 매우 활발히 활동하는 지진대에 놓여 있어서 일련의 소규모 지진이 이어지면 순식간에 붕괴 사고를 부르게 된다.

산호세 광산 붕괴 사고도 안전규정 준수가 얼마나 중요한지 잘 보여주고 있다. 다국적 기업 및 칠레 국영 기업이 운영하는 광산에는 규정이 세세하게 정해져 있었지만, 민영기업이 소유한 작은 광산이었던 산호세 광산은 안

층
지하에 석탄, 구리, 금 등 특정 광물이 매장되어 있는 부분

전장비를 제대로 갖춰놓지 않았다고 한다. 2010년 붕괴 사고 전 12년 동안 광부 여덟 명이 목숨을 잃었고 2004년부터 2010년까지 안전규정

위반으로 42차례나 벌금이 부과된 터였다. 2010년 사고 당시 매몰된 광부들은 이틀간 무너지지 않고 버텼던 환풍구를 통해 대피할 수 있었는데, 그 환풍구에도 당연히 갖춰놓아야 할 사다리는 없는 상태였다.

비상보급품

매몰된 광부들은 붕괴 17일 만에 구조대와 연락이 닿기 전까지 대피소에 마련돼 있던 비상식량과 물에 의존해야 했다. 하지만 비상식량은 2~3일 버틸 분량밖에 없었다! 광부들은 최대한 오래 버티기 위해 이를 아주 조금씩 나눠 먹었다. 한 광부는 48시간마다 참치 두 숟가락, 우유 한 모금, 비스킷 한 조각을 먹었다"라고 회고했다.

구조대원 체험

민감한 굴착 장비, 지하에서 포착되는 정보를 해석해낼 수 있을 만큼 숙련된 지상의 구조대원들 덕분에 구조작업이 성공할 수 있었다. 구조대원들이 얼마나 어려운 일을 해냈는지, 또한 매몰된 광부들과 연결됐을 때 얼마나 큰 성취감을 느꼈을지 신발 상자를 이용해 체험해보자. 상당히 쉬운 실험이고 친구들과 시합을 하기에도 좋다. 누가 가장 참을성이 많고 누구의 손가락이 가장 예민한지 겨뤄보자.

준비물

- ▶ 가위
- ▶ 뚜껑이 있는 큰 신발 상자
- ▶ 작은 장난감 자석
- ▶ 가느다란 철제 막대(신발 상자보다 조금 더 길어야 한다.)
- ▶ 철제 워셔(작은 나사의 자리와 체결부 사이에 넣는 부품)
  - 자석이 붙는지 확인한다.
- ▶ 풀
- ▶ 찰흙
- ▶ 작은 돌 여섯 개
- ▶ 친구
- ▶ 시계

방법

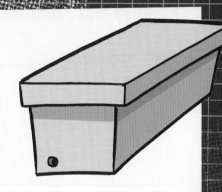

1 가위로 신발 상자의 길이가 짧은 모서리 한쪽에 그림과 같이 지름 2센티미터 크기 구멍을 뚫는다.

2 자석을 철제 막대 한쪽 끝에 찰흙으로 고정시킨다.

3 워셔(매몰된 광부 역할을 한다)를 신발 상자 안 길이가 짧은 모서리 한쪽 가까이에 가져다 놓는다.

4 철제 막대를 구멍으로 넣어 바닥을 더듬어서 워셔를 찾는다(워셔가 자석에 들러붙을 것이다).

5 막대와 워셔를 그 자리에 둔 채로 돌을 신발 상자 안쪽 바닥에 풀로 고정시킨다. 단, 워셔가 붙어 있는 막대를 신발 상자 밖으로 꺼낼 수 있어야 한다.

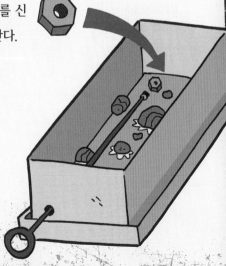

계속

6 워셔가 중간에 떨어지지 않도록 막대를 천천히 꺼낸다. 워셔를 다시 상자 안에 집어넣는다.

7 신발 상자의 뚜껑을 덮는다.

8 친구에게 철제 막대(드릴)를 신발상자(광산) 안으로 넣어 워셔(광부)를 안전하게 밖으로 빼내라고 한다. 제한 시간은 1분이다. 실제 구조 활동도 그렇게 긴박하게 이루어진다.

9 친구마다 돌아가며 제한 시간 안에 구조를 펼치도록 한다. 신발 상자 안의 돌 배치 상태가 드러나지 않도록 주의한다. 가장 짧은 시간 안에 워셔를 모두 꺼낸 사람이 우승자다.

공학 원리

실제 구조에 사용되었던 탐사용 드릴에는 광산 아래 깊은 지점에서 들리는 소리까지 감지할 수 있는 음향 채집 장비가 달려 있었다. 이 장비가 공기 혹은 암석을 통해 전달되는 진동을 잡아냈다. 이 실험에서도 워셔가 자석에 부딪히는 소리는 철제 막대가 돌에 부딪히는 소리와 확연히 구분됨을 알 수 있다. 실험에 쓰인 돌은 구조대원들이 드릴로 두께가 제각각 다른 암석을 뚫으며 헤쳐나가야 했던 난관을 상징한다.

제19장

바람 빠진 메트로돔

디트로이트의 미식축구 팬들은 2010년 이른 크리스마스 선물을 받았다. 월요일 밤 포드 필드 실내 경기장에서 기대하지 않았던 NFL 경기가 열린 것이다. 하지만 홈팀 라이온즈를 응원하는 대신 라이벌인 미니애폴리스 바이킹스가 뉴욕 자이언츠를 꺾는 모습을 지켜봐야 했다. 이 경기는 산타클로스의 선물이 아니었다. 바이킹스의 홈구장인 허버트 H. 험프리 메트로돔이 바람 빠진 풍선처럼 찌그러져 디트로이트 구장을 빌린 것이었다. 이틀 전 미니애폴리스에 43센티미터 폭설이 내려 메트로돔에 상처를 냈다. 돔의 지붕은 눈이나 비가 미끄러져 땅에 떨어지도록 만들어졌으나 이번엔 달랐다.

경기장 관리원들이 지붕에 호스로 뜨거운 물을 뿌려가며 제설 작업에 나섰지만 눈은 계속 쌓였고 결국 지붕이 무너졌다. 경기장 안에 설치돼 있던 카메라에는 지붕이 바이킹스 경기 준비를 끝마친 운동장 바닥으로 내려앉는 장면이 고스란히 찍혔다. 이 광경을 목격한 이는 메트로돔이 '설탕 사발' 같았다고 묘사했다. 하지만 경기장 소유주와 바이킹스 경기 입장권을 구매한 팬들에게는 그렇게 웃어넘길 일이 아니었다.

무엇이 문제였을까?

이제는 보편화된 경기장의 돔형 지붕은 대부분 트러스라고 불리는 견고한 지지대로 지탱한다. 지붕을 여닫을 수 있는 돔 경기장에 가면 천장을 가로질러 설치되어 있거나 돔형 지붕 바깥쪽에 설치돼 있는 트러스를 쉽게 볼 수 있다. 하지만 1982년 개장한 메트로돔은 지지대가 전혀 없었다. 대체 어찌된 노릇이었을까? 메트로돔의 돔 지붕은 허공에 떠 있었다고 할 수 있다. 두께 1밀리미터의 트램펄린 천과 비슷한 천으로 덮어둔 셈이었다. 아래쪽 기압이 높게 유지되면 천이 풍선처럼 부풀어 올랐다.

하지만 끝을 묶어두면 부푼 상태가 유지되는 풍선과 달리 메트로돔은 끊임없이 공기를 주입해줘야 했다. 경기장 내부의 거대한 환풍기가 그 역할을 했는데, 설계자들은 예방조치를 해두지 않으면 공기가 출입구를 통해 빠져나가 바람 빠진 풍선처럼 내려앉으리라는 사실을 알고 있었다. 그리하여 백화점 출입문보다 훨씬 큰 거대한 회전문을 설치해 공기 흐름을 통제했다.

이 대목에서 과학 원리가 필요하다. 얇고 엉성한 지붕은 내부 기압이 외부에서 누르는 힘과 같거나 그보다 더 크면 제자리를 지킬 수 있다. 돔의 비스듬한 형태도 외부 압력을 줄여주는 효과가 있었다. 물이 지붕에 닿으면 미끄러져 떨어지게 되고, 눈도 대부분의 경우 쉽게 치울 수 있다.

하지만 2010년 12월 주말, 예상하지 못한 상황이 발생했다. 습기를 가득 머금어 무거워진 눈이 지붕에 들러붙어 쌓이면서 평소보다 훨씬 큰 힘으로 지붕을 내리누른 것이다. 그러자 천이 찢어져 그 틈새로 공기가 빠져나가면서 내부 기압이 급격히 떨어졌다. 결국 돔은 바람 빠진 풍선처럼 찌그러지고 말았다.

처음이 아니었어!

메트로돔 말고도 바람 빠진 풍선처럼 내려앉은 경기장은 또 있었다. 미국 노던아이오와 대학(UNI)의 미식축구 경기장도 메트로돔과 비슷한 시기에 지어졌는데, 몇 차례 무너진 끝에 학교 측이 견고한 구조물로 대체했다. 2010년 이후 미국 세인트루이스, 인디애나폴리스, 퍼스(호주), 밴쿠버(캐나다) 등지에 있던 비슷한 구조의 경기장들이 모두 철거되거나 구조 변경을 통해 지지대를 설치했다.

시간을
거슬러

애초에 왜 이런 경기장이 만들어졌는지 생각해보자. 물론 지붕을 모두 덮으려면 천이 어마어마하게 필요하다. 메트로돔의 경우 4만 제곱미터나 됐다. 하지만 일단 경기장 둘레에 천을 부착하고 나면 추가 작업을 할 필요가 없다. 나머지는 공기가 다 해준다. 또 천은 투명할 정도로 얇아서 햇빛을 잘 투과시키기에 전기료를 줄일 수 있다. 천을 사용하면 돔 경기장을 더 빠르게, 더 쉽게 완성할 수 있었다.

1970년대 초만 해도 풍선 같은 경기장의 개발은 무척 혁신적인 발상이었다. 하지만 메트로돔과 같은 경기장들이 잇따라 무너지기 전에도 여러 단점이 분명하게 드러났다. 우선 지붕을 받쳐주기 위해 항상 환풍기를 가동하고 있어야 했다. 2010년까지 메트로돔 관리자들은 환풍기를 돌리는 비용으로 한 달에 무려 6만 달러를 지출했다고 한다. 난방도 문제였다. 단열재가 들어간 전통적인 건물에 비해 열 손실이 너무 컸다. 난방비로도 적지 않은 비용이 들었다.

단열재(방음재)

열, 소리, 전기 등의 통과를 막거나 줄여주는 재료. 단열재는 따뜻한 공간의 열이 그보다 추운 곳으로 빠져나가는 것을 막아준다.

2013년 미네소타 체육시설 당국은 메트로돔을 철거하기로 결정했다. 바이킹스는 2013년 12월 29일 이곳에서 마지막 경기를 치렀고, 디트로이트 라이온즈를 14대 13으로 꺾었다.

물웅덩이 현상

경기장 관리원들은 지붕에 쌓이는 눈이 미끄러져 내리도록 뜨거운 공기나 물로 녹이려 했다. 그런데 이 작업이 오히려 지붕에 더 큰 압력을 가했다. 녹아내리던 물이 천의 이음새 부위 등에 고이면서 곳곳에 웅덩이가 생겼다. 이는 지붕을 더 큰 힘으로 내리누르는 결과를 낳았고 심지어 천이 찢어지면서 붕괴로 이어졌다.

압력과 지붕

이 실험에서는 메트로돔 내부로부터 외부를 향해 가해진 압력이, 외부로부터 내부를 향해 가해진 압력보다 크거나 같았으면 구조물이 무너지지 않았을 것임을 풍선을 이용해 보여준다. 메트로돔의 천 천장도 눈더미로 인해 일부 지점이 찢어지면서 결국 붕괴로 이어졌음을 기억하자.

준비물

▶ 풀
▶ 압정 서른한 개
▶ 색판지 한 장
▶ 풍선 여러 개
▶ 장갑
▶ 고글
▶ 친구
▶ 작고 딱딱한 표지의 책 한 권

주의!

안전한 실험이긴 하지만 날카로운 압정과 풍선을 사용해야 하므로 고글을 꼭 착용하도록 하자.

방법

1 압정 서른 개의 머리를 다섯 개씩 여섯 줄로 색판지에 붙인다. 서로 거의 닿을 만큼 가깝게 붙이되 풀을 아주 조금만 사용한다.

2 풍선 두 개를 불고 장갑과 고글을 착용한다.

3 나머지 하나의 압정을 든 채로 풍선을 압정 바늘로 찌르면 어떻게 될 것 같은지 친구에게 질문한다.

4 풍선을 바늘로 찔러서 터지는 과정을 관찰한다.

5 이번에는 풍선을 색판지에 붙인 압정 서른 개 바늘 위에 놓으면 어떻게 될 것 같은지 친구에게 묻는다. 아마도 더 큰 소리를 내며 터질 것이라고 대답할 것이다.

계속

6 두 번째 풍선을 색판지에 붙인 압정 위에 살짝 올린 뒤 그 위에 책을 올리고 살며시 내리누른다. 풍선이 터지지 않을 것이다.

공학 원리

과학자들은 압력을 어느 한 지점에 가해지는 힘의 양, 혹은 어느 한 지점 전반에 걸쳐 분산되는 힘의 양이라 정의한다. 위 실험에서 풍선 두 개를 똑같은 힘으로 바늘에 대고 눌렀지만 아주 작은 지점에 힘이 집중되었던(즉, 압력이 높았던) 첫 번째 풍선은 터졌고, 좀 더 넓은 지점 전체에 걸쳐 힘이 고르게 분산되었던 두 번째 풍선은 터지지 않았다. 같은 이치로, 메트로돔의 지붕 위에 눈이 넓고 고르게 쌓였을 때는 무너지지 않았다가 무거운 눈더미가 특정 지점에 집중되자 무너지고 말았던 것이다.

왜 돔일까?

메트로돔의 천장을 돔 형태로 만들었던 이유는 공기 압력을 동일하게 분산시킬 수 있기 때문이었다. 또한 돔 형태 천장은 수평 천장보다 무게를 많이 지탱한다. 이러한 원리를 최초로 실제 적용한 사람들은 로마인들이었다. 판테온은 로마인들이 건설한 초기 돔 형태 건물 중 하나로 무려 1,900년 전 지어졌으나 오늘날도 굳건히 버티고 있다. 둥그런 돔형 지붕은 지지대 없이 형태만으로 제자리를 지키고 있고 꼭대기에는 구멍까지 나 있다!

준비물

▶ 가위
▶ 종이타월
▶ 삶은 달걀 담는 컵 세 개
▶ 달걀 세 개
▶ 테이블
▶ 7.5~8리터들이 플라스틱 용기
▶ 주전자
▶ 물

계속

방법

1 가위로 종이타월을 3등분으로 잘라 달걀컵 안에 잘 펼쳐 넣는다.

2 달걀컵에 달걀을 세운다. 뾰족한 쪽이 위를 향하도록 한다.

3 달걀컵 세 개를 테이블에 삼각형으로 놓는다. 각각 7.5센티미터 간격을 유지한다.

4 플라스틱 용기를 달걀 위에 조심스럽게 올린다. 달걀 삼각형이 용기 중앙에 위치해야 한다.

5 주전자에 물을 0.5리터 담아 용기에 붓는다. 달걀이 깨지지 않을 것이다.

6 물의 양을 조금씩 늘리면서 5단계를 반복한다.

공학 원리

삼각형으로 배치된 달걀은 8~9리터에 달하는 물을 견딜 수 있다. 돔 형태가 어마어마한 무게를 감당할 수 있기 때문이다. 아치 형태나 돔 형태는 무게의 압력을 곡선을 따라 점진적으로 전이시킨다. 반면 수직 벽이 수평 지지대를 만나는 지점에서는 무게가 한곳에 집중된다. 또한 천장이 돔 형태로 되어 있으면 공간이 넓어 보이는 효과가 있다. 메트로돔 역시 이러한 장점을 모두 갖추고 있었으나 결국 천이 외부 압력을 이기지 못해 무너져 내리고 만 것이다.

악명 높은 '프라이스크레이퍼'

비 오는 날 런던 금융가의 좁은 거리는 정장을 차려 입은 채 우산을 들고 밀려가는 증권맨과 은행원들 때문에 우산 숲으로 변하곤 한다. 그런데 최근에는 이 거리가 최근 뜻밖에도 불에 그슬린 듯 뜨거워졌다. 햇빛이 모여 뜨거운 광선으로 쏟아져 내리고 있기 때문이다.

이 광선은 펜처치 스트리트 20번지에 위치한 37층 높이 통유리 건물에서 나온다. 특정 조건이 맞아떨어질 때 곡선으로 휜 건물 옆면에 햇빛이 모여 지상으로 강한 광선을 반사시킨다. 건물 주변에 주차된 차량의 계기판을 달구고 페인트를 벗겨낼 정도다. 이웃 건물의 외벽 타일에는 균열이 생기기도 했다. 이 광선 때문에 불꽃이 인 경우도 있다고 한다.

그래서 이 고층건물에는 마천루를 뜻하는 스카이스크레이퍼에 굽는다는 뜻의 프라이를 합성한 '프라이스크레이퍼'란 별명이 붙었다. 하지만 건물주에게는 웃을 일이 아니다. 부상을 입은 사람이 없다는 데에 감사하며 주변 건물과 차량에 계속 손해배상을 해주고 있다.

무엇이 문제였을까?

대부분의 유럽 도시와 마찬가지로 런던에도 뒤늦게 고층 건물이 들어섰다. 수백 년 동안 런던의 스카이라인은 교회 첨탑과 왕궁의 탑, 다리들이 차지하고 있었다. 제2차 세계대전 중 런던 대공습을 겪은 뒤인 1960년대에 와서야 현대적인 유리와 철골 구조의 건물이 곳곳에 들어섰다. 그러나 뉴욕 시카고 홍콩 등지의 건물과 비교하면 고층 건물이라 할 수도 없었다. 그러다 영국 정부가 런던을 세계 금융 중심지로 홍보하기 시작하며 건축 규제를 일부 완화한 1980년대 들어서 상황이 달라졌다.

오래된 교회와 건물들을 가리게 되는 경우 건축을 허용하지 않던 규제가 풀렸던 것이다. 마침내 런던에도 '고층 건물 시대'가 도래했다. 이 무렵 고층 건물 설계자들은 단순한 '사각형 유리 건물'의 틀에서 벗어나기 시작했다. 현대 건축가들은 더 재미있고 독창적인 구조를 만들어 내기 위해 건물에 곡선과 비대칭 요소를 가미했다. 이렇게 지어진 런던

그리스의 태양열 반사 거울?

'프라이스크레이퍼'에 대한 뉴스가 퍼지자 많은 사람들이 이 건물을 설계한 건축가 라파엘 비뇰리를 향해 역사에서 교훈을 얻지 못했다고 비판했다. 수천 년 전에도 거대한 곡면 거울이 햇빛을 모아 파괴력이 큰 광선을 생성, 반사했던 사건이 있었다. 고대 그리스의 위대한 과학자 아르키메데스는 기원전 212년 로마의 공격으로부터 시칠리아의 시라큐스 항구를 방어하기 위해 '태양열을 반사하는 거울'을 이용했다. 이 거울들이 한낮의 햇볕을 반사해 로마 군함을 불태웠다고 한다.

의 빌딩에는 이미 '오이 피클', '유리조각', '치즈 분쇄기', '감자칩', '햄깡 통' 같은 별명이 붙었다.

펜처치 스트리트 20번지 유리 건물은 '파인트 글래스(맥주잔)'란 별명으로 통했다. 그러다 2013년 여름 즈음 주변 상점과 식당 주인들이 강력하게 반사되는 빛을 인식하기 시작했다. 광선은 상점 앞에 깔려 있는 매트를 태우고 바닥 타일에 균열을 일으키고 차량의 계기판과 페인트를 녹였다.

그때부터 별명은 '프라이스크레이퍼'로 바뀌었다! 그리고 설계자들은 '죽음의 광선'이 실제 죽음을 불러일으키기 전에 해법을 찾아내야 했다.

시간을 거슬러

프라이스크레이퍼의 옆면 유리벽 같은 오목 거울에 반사되는 햇빛은 돋보기를 통과할 때와 같은 효과를 나타낸다. 기술적 용어로 '솔라 컨버전스(solar convergence)'라고 한다. '솔라'는 '태양'과 관련돼 있다는 뜻이고, '컨버전스'는 사람이나 사물이 한데 모이는 '집합, 수렴'이라는 의미다.

오목한 표면에 부딪힌 태양 광선은 평평한 목욕탕 거울에서 반사될 때처럼 똑바로 튀어나오지 나오지 않는다. 오목한 각도 때문에 약간 안쪽으로 꺾여 반사된 빛은 곡면의 다른 부분에 튕겨 다시 반사된다. 그러다 결국 '초점'이라고 불리는 특정한 점으로 수렴되는데, 이 점에 태양열이 모이게 되는 것이다. 이런 수렴 현상은 반사된 광선의 온도를 높인다. 실제로 프라이스크레이퍼의 외벽 온도는 섭씨 70도 이상 올라가기도 했다.

펜처치 스트리트 20번지의 건축가 라파엘 비뇰리가 건물을 이렇게 오목한 형태로 만든 이유는 위층이 아래층보다 더 튀어나올 경우 활용할 수 있는 공간이 넓어지기 때문이었다. 그 역시 이 같은 구조와 유리 외벽이 솔라 컨버전스 효과를 가져올 수 있음을 알고 있었다. 하지만 그의 컴퓨터가 예상한 온도 상승폭은 실제보다 훨씬 작았다.

CONCAVE

열, 소리, 전기 등의 통과를 막거나 줄여주는 재료.

어쨌든 문제는 시작되었고, 어떻게 해서든 해결책을 찾아야 했다. 건물 소유주들은 외벽에서 문제를 일으키는 부위에 임시 스크린을 부착하기로 결정했다. 비뇰리는 2014년 건물 고층부의 남쪽 벽면에 설치된 차양을 통해 문제가 모두 해결됐다고 주장하고 있다.

솔라 컨버전스

라스베이거스의 '핫스폿'

라파엘 비뇰리의 명성은 점점 '뜨거워지고' 있는 듯하다. 그는 미국 네바다 주 라스베이거스의 브다라 호텔(건축비용만 80억 달러에 달했다)도 설계했다. 이 건물 역시 벽이 오목했고 2010년 9월 '솔라 컨버전스' 효과를 나타냈다. 게다가 라스베이거스의 햇볕은 런던보다 훨씬 강렬하다. 수영장 물가에 앉아 있던 손님들로부터 '머리카락이 탔다'거나 '플라스틱 백이 녹았다'는 항의가 접수되었다. 이에 호텔 측은 서둘러 외벽의 유리에 빛이 반사되지 않는 필름을 부착했다.

반사 혹은 흡수?

태양의 공전 경로는 계절에 따라 달라진다. 여름에는 더 높고 겨울에는 더 낮다. 이에 따라 반사 각도도 달라진다. 프라이스크레이퍼 문제는 초여름 몇 주 동안만 발생한다. 건물 소유주들은 이 기간을 위한 대책을 세워야 한다. 라스베이거스에 있는 비뇰리의 브다라 호텔은 창문마다 무반사 필름을 덧씌웠다(창문이 거대한 선글라스를 쓰고 있는 것과 같다). 프라이스크레이퍼에는 문제가 발생하는 지점에 스크린과 차양을 달아 반사를 막았다. 다음 실험을 통해 솔라 컨버전스 현상 및 적절한 해결책에 대해 알아보자. 예상했겠지만 해가 쨍쨍한 맑은 날 실험을 진행해야 가장 효과가 좋다.

준비물

▶ 신문
▶ 작은 돌 네 개(선택사항)
▶ 돋보기
▶ 물
▶ 윈도 스크린
▶ 선글라스

주의!

실험은 반드시 어른과 함께 진행한다.

방법

1 종이 한 장을 찢어서 땅에 놓고 작은 돌로 고정시킨다.

2 돋보기를 종이 바로 위에 오도록 들고 햇빛이 투과되도록 각도를 조정한다.

3 적합한 각도를 유지하면서 종이 위에 투사된 빛의 원이 가장 작고 선명해질 때까지 돋보기와 종이 사이 거리를 조정한다.

4 종이에서 연기가 나다가 불이 붙을 때까지 돋보기를 정확한 위치에 들고 있는다.

5 물을 종이 위에 붓는다.

6 스크린을 돋보기와 종이 사이에 놓고 1~5단계를 반복한다. 다양한 스크린과 선글라스로 실험을 계속한다.

7 결과를 기록한다.

공학 원리

돋보기의 곡면은 프라이스크레이퍼의 통유리처럼 태양 광선을 집중시킨다. 그러나 돋보기를 통과한 햇빛은 그대로 전진하는 반면 프라이스크레이퍼에 집중된 태양 광선은 반사된다는 차이점이 있다. 또한 프라이스크레이퍼처럼 건물 외벽을 거울 처리하는 이유는 빛을 반사시켜 건물 내부의 온도를 낮게 유지하기 위함이다. 태양 광선을 반사하지 못하도록 처리할 경우 빛이 안으로 흡수되어 건물 내부 온도가 상승하지 않도록 대책을 함께 세워야 한다.

우산 오븐

프라이스크레이퍼의 오목한 형태를 포물선이라고 부르기도 한다. 우산도 포물선을 그린다. 따라서 우산을 이용해 솔라 컨버전스를 일으키면 오븐을 만들 수 있다. 변형을 가해야 하니 잘 쓰지 않는 낡은 우산을 사용하자. 열여섯 개 구획으로 나뉘는 우산이 가장 좋지만 어떤 우산이든 괜찮다.

준비물

▶ 선글라스
▶ 여닫는 데 문제가 없는 낡은 우산
▶ 풀
▶ 알루미늄 포일
▶ 톱을 다룰 줄 아는 어른
▶ 톱
▶ 장갑
▶ 장축 성냥(벽난로에 불을 붙이거나 바비큐를 할 때 사용하는 손잡이가 긴 성냥)

방법

1 모두 선글라스를 착용했는지 확인한다.

2 우산을 펼쳐서 안쪽 면이 위로 향하도록 놓는다.

3 알루미늄 포일을 우산 안쪽 면에 풀로 붙인다(반짝이는 면이 바깥을 향하도록 붙인다). 벽지를 붙이듯 포일이 울지 않도록 손으로 잘 밀어주며 붙인다.

4 어른에게 톱으로 손잡이를 잘라달라고 부탁한다. 우산의 중심부와 손잡이 대가 만나는 지점에서 약 15센티미터 정도 떨어진 지점에서 자르면 된다.

5 우산을 해가 잘 드는 건조한 곳에 놓는다. 안쪽에 붙인 알루미늄 포일에 해가 직접 내리쬐야 한다.

6 우산 바깥쪽 중심부에 뾰족하게 튀어나온 꼭지가 있을 경우 여기에 기대놓는다. 튀어나온 꼭지가 없으면 나뭇조각이나 작은 돌에 기대놓는다.

7 이제 장갑을 끼고 장축 성냥을 '우산 오븐' 가까이 들고 있어 본다.

8 빛이 가장 밝게 반사되는 지점에 맞추어서 성냥을 들고 있으면 얼마 지나지 않아 성냥에 불이 붙을 것이다.

공학 원리

우산을 펼쳤을 때 나타나는 포물선은 프라이스크레이퍼 및 라스
베이거스 호텔의 오목한 형태와 비슷하다. 곡선을 이루는 우산
의 틀이 빛을 모아 한 점으로 반사시키는 역할을 한다. 활 모양은 원의
일부이기 때문에 정곡률이 있고, 빛을 사방으로 산란시킨다. 포물선은
빛을 한 지점으로 응축시켜 에너지 손실이 적다. 포물선 형태의 우산에
서 반사된 태양 광선은 핫스폿으로 수렴된다. 우산 오븐의 발열량을
좌우하는 요인은 우산의 크기, 태양 광선의 강도, 각도 등이다. 그 외에
첨가할 만한 요인이 있는지 생각해보자.

후기

이전까지는 사다리에 오르는 일이나 오래된 그네를 타는 것이 무서웠는가? 타이어가 닳을 대로 닳은 자전거에 오를 때도 불안했는가? 그렇다면 이 책을 읽고 난 지금은 아마 걱정거리가 몇 배는 늘었을 것이다.

"혹시 저 멀리서 들려오는 굉음이… 당밀 쓰나미가 밀려 내려오는 소리는 아닐까?"

"저 호수에 들어가 수영을 하고 있는데 갑자기 물이 모두 빠져버리지는 않을까?"

"저 고층 빌딩에 너무 가까이 다가가면 피부가 일광화상을 입게 되지 않을까?"

"잠깐만! 저 고층 빌딩 꼭대기 층 통유리가 덜렁덜렁 흔들리고 있는 것 아니야?"

물론 이런 일들은 일상에서 여간해서는 일어나지 않는 드문 사건들이다. 그러나 숙련된 공학자, 건축 설계사, 건축업자 등 전문가들이 연관되어 있었음에도 불구하고 실제로 발생했던 사건이기도 하다. 건축물을 안전하고 튼튼하게 지으려면 무엇보다 기술공학의 기본 원리와 상식을 갖추어야 한다.

여러분은 이 책을 통해 재난의 원인이 되기도 하고 재난을 예방할 수도 있는 다양한 기술공학 원리를 접했을 것이다. 또한 실험을 진행하면서 그러한 원리를 현실에 접목시키는 방법을 체험했을 것이다.

그러니 이 책을 바탕으로 공학에 대한 흥미를 계속해서 키워나갈 수 있게 되기를 바란다.

사진 출처

Alamy Images: AccentAlaska.com p.203; AF Fotografie p.9; Aviation History Collection p.132; Stuart Burford p.95; Peter Carroll p.146; dbimages p. 129; FALKENSTENINFOTO p.14; GL Archive p. 77; Historic Collection p. 114; Images-USA p. 124; John Davidson Photos p.69; Dennis MacDonald p.123; nagelestock.com p. 25; Graham Prentice p. 243; Zoonar GmbH p. 159; © **fotolia:** Sergey Belov p.44; dashadima p. 189; Foto To.Ni. p.30; Leonid Ikan p. 173; Javen p. 51; Chad McDermott clock(repeated design element); sveta p. 165; svetamart p. 155. **Getty Images:** AFP p. 207; Boltenkoff p. 221; Boston Globe p.89; DEA/C.DANI/I.Jeske/De Agostini p.81; GoodLifeStudio/ iStock p. 56; Judy Griesedieck/The LIFE Images Collection p. 227; New York Daily News Archive/New York Daily News p. 100; Lambert/Archive Photos p. 101; Photoshot/Hulton Archive p. 181; George Silk/The LIFE Picture Collection p.122; Universal Images Group p.63/ **Shutterstock.com:** Delpixel p. 15; Phana Sitti p. 221; Luke Thomas ruler(repeated design element). **Granger:** p. 35.